台北人情味小吃

挑剔老饕的美食地图60+

吴家辉 著

北京出版集团公司
北 京 出 版 社

图书在版编目（CIP）数据

台北人情味小吃 / 吴家辉著. — 北京 : 北京出版社，2017. 3

ISBN 978 - 7 - 200 - 12828 - 4

Ⅰ. ①台… Ⅱ. ①吴… Ⅲ. ①风味小吃—介绍—台湾 Ⅳ. ① TS972. 142. 58

中国版本图书馆 CIP 数据核字（2017）第 042267 号

台北人情味小吃

TAIBEI RENQINGWEI XIAOCHI

吴家辉 著

*

北京出版集团公司
北京出版社 出版

（北京北三环中路 6 号）

邮政编码：100120

网 址：www.bph.com.cn

北京出版集团公司总发行

新华书店经销

北京天颖印刷有限公司印刷

*

889 毫米 ×1194 毫米 32 开本 5 印张 112 千字

2017 年 3 月第 1 版 2017 年 3 月第 1 次印刷

ISBN 978 - 7 - 200 - 12828 - 4

定价：39.00 元

如有印装质量问题，由本社负责调换

质量监督电话：010 - 58572393

【推荐序】

周慧敏（艺人）

阿辉是一个完美主义者，这早在我们多年前合作时就已经知道。所以别人惊讶于他爱潮流时尚，竟然推出《香港老味道》来介绍香港传统美食时，我却觉得顺理成章。

一个对生活一丝不苟的人，肯定不会把难吃的放进口中。我特别偏爱阅读阿辉这些美食文字。

这些文章，既非食评，也非报道，当中记下他和店家的互动和小故事。凭他的细腻观察，为美食添加了难得的人情味。令我都想去吃一次、试一次、看一次。

吴克群（艺人）

很多人喜欢台湾的美食，甚至会不辞千里地来台湾走遍每条巷弄，只为了一份令人永生难忘的小吃。但美食之所以好吃，令人难忘是因为有用“心”！

很高兴一个地道港仔能了解台湾每份美食在传达的情感和心意！因为有心，所以味美；因为有心，所以难忘……看完这本书，会了解我们彼此并不远！

心近了，人就不远……

A May老师

很难以想象这本书是出自于一个香港朋友之手（我想应该是常常行走在巷弄里的人）。里面有一些我自己在台湾生活多年都不知道的秘密小吃。

就像跳舞一样。

我一直想好好地去了解自己的身体关节，并知道如何使用它。

这一本书，可以让大家知道台湾的关节（秘密小吃），好好地去探访，并知道去哪里品尝。

Yes！真的是太棒了。

【作者序】

一啖一回忆，把美食吃到心坎去

感恩。

在走访每个小摊和老板们聊天时。

也在重阅本书所有文章和图片时。

介绍这六十家小吃小摊的文字中，不仅分享了美食体验，说了一些店家的小故事，写下一些香港人的生活习惯和对吃的要求，还是港仔来台十年的美食全记录。

再次把各家各店的名物放于口中时，吃进的，岂是只有好吃般简单，还重温了过去的3650天。

当走进阿桐阿宝店吃着四神汤时，想到不能一天没有汤的港仔当年初到台湾时天天来这家店的情形；又不惜为了一听家乡广东话，跑到士林吃一客臭豆腐；更难忘的是在东门兴记吃到早已失传的古早港味的烧卖时的万般兴奋；又或是在阿娥豆花中吃着豆花来怀念从前香港的华丽园……

在台北吃久了、习惯了、懂得欣赏了，和店家建立了感情，听着他们诉说生活中的小故事，如红花麻辣盐水鸡少东为减轻妈妈负担而扛起开摊、摆摊、收摊所有工作；老牌张猪脚饭的张老板，宁以小摊经营也不要把生意变成连锁餐厅。

那些往事，这些故事，一啖一回忆，直把美食吃到心坎去。

为此不得不感谢各位编辑，先有燕如提议写此书，还有后续的不断鼓励，又有郡怡一直从旁协助，让港仔以一次台北觅吃之旅来审视过去的这些那些。

还有一票台北吃货好友，除了推荐好吃的来填饱肚子，亦以笑声为人在他乡的港仔排解寂寥，要特别点名叶小姐（Amber），感谢她的美食资料；吴小姐（Shanna）常常为港仔充当私人助理处理大小事务；还有边吃边骂、边骂边吃的他，十年间的责骂扶持和启发，恳请未来十年继续无偿付出。

台北各店家用心制作的美食，以人情味加分，不仅成就了此时的《台北人情味小吃》，亦为港仔十年台北生活添温暖，从前没机会，借此次出书在此向你们致敬致谢。

焉能忘怀各位读者，你们或许不是由第一本书便开始支持港仔，亦非港仔粉丝页的会员，我们极有可能是首次接触，但能通过文字交流都是缘，港仔同样要感恩。

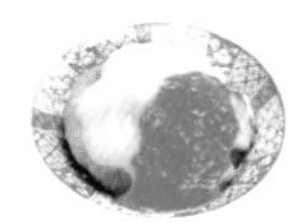

【回味艋舺风华滋味】

【口耳相传的大桥头老味道】

【东门的幸福之味】

【品尝后火车站人情味】

【双连市集里的小市民日常】

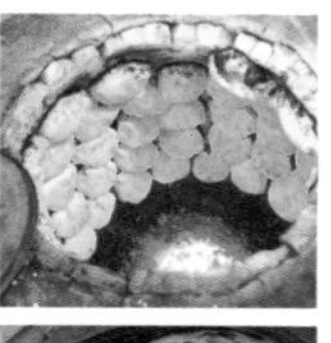

目录

【东区美味新版图】

【市井小吃立足大安区】

【跨越距离的思念滋味】

N
西宁南路
汉口街二段
P12
老牌黄记炖肉饭
昆明街
万国酸菜面
P16
中华路一段
三味香馄饨
包子专卖店
P24
康定路
牛店
捷运西门站
衡阳路
龙记炝锅面 P22
宝庆路
西园路一段
华西街
贵阳街
永富冰淇淋
P18
桂林路
桃源街
龙山寺
剥皮寮历史街区
广州街
捷运松山线
捷运板南线
捷运龙山寺站
捷运小南门站
爱国西路
博爱路
万华陈记肠蚵
专业面线 P20
延平南路
万华火车站
莒光路
西藏路
猪肚汤 P14

第1章 回味艋舺风华滋味

便当配菜

【捷运板南线西门站】

老牌黄记炖肉饭

为焢肉尝鲜，再跑一趟也甘愿

下饭的便当配菜

油嫩多汁的焢肉饭，真是美味无穷

已过用餐时段，仍有多位饕客排队等候

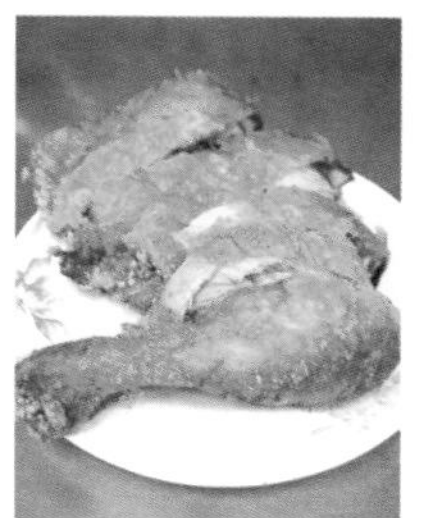
炸鸡腿也是一大推荐

这天的配汤是萝卜汤

港仔年纪一把却超级爱吃肥食，曾为了朋友送来的一盒焢肉饭便当，隔天立即跑到购买便当的餐厅吃现场尝新鲜。

不是港仔太疯狂，实在是老牌黄的焢肉太厉害。巴掌般大的一块肉，肥瘦相间的诱惑非一般只瘦不肥可媲美，便当从离开店家到送入嘴巴至少超过一小时，焢肉入口仍然美味，唯一缺憾是肥肉稍有凝固，亦是港仔决定隔天跑到现场再来吃的主因。

店中吃到刚起锅的焢肉带温热，外表滋润油亮，瘦肉入口不干不柴，当用舌尖一顶一碰时直接分解成丝。肥肉猪皮更是好，前者先溶化口中，后者紧接其后，层次分明，然后一口饭，佐一口肉，刚好用油脂包裹着稍干的饭粒，米饭就成了口中的猪油拌饭，美味无穷。

友善可爱的老板黄先生表示，开店半世纪，食物都按老祖宗流传下来的方式处理，每天只要炖肉四小时，必有如此好成绩，唯一谢绝黑毛猪，因其肉硬，并不适合。

炸鸡腿亦要推荐，如果只说香酥味鲜不少店家能做到，但能尝得当年肯德基刚来时的销魂口味应该只有老牌黄能做到。从此焢肉饭一碗、炸鸡腿一份，成了光顾老牌黄的必点美食。

朋友劝说一把年纪要戒口，港仔的意见是人生在世就为了吃，美食之下死，做鬼也风流。

老牌黄记炖肉饭

临近捷运站 西门站

地址 台北市万华区汉口街二段25号

电话 02-2361-0089

时间 10:00—20:00

以近二十种中药材熬煮而成的猪肚汤，相当鲜美好入口

【捷运板南线龙山寺站】

猪肚汤

无名小摊藏好汤

最爱以油粿来配猪肚汤

猪肚汤的猪肚用料都给得大方

猪肚是每天早上买回来的新鲜好货

也有卖肉粽

猪肚汤
临近捷运站 龙山寺站
地址 台北市西藏路185号
时间 10:00—19:00，周日公休

欣喜台湾友人中有小葳姐这一号人物，人美聪明，爱吃懂吃又贴心，犹如港仔初到台北时觅吃导盲犬一般。知道港仔爱喝汤，小葳姐每吃到好汤好水都必要通报，经她指引才摸到猪肚汤的小摊子来。

开在万大路和西藏路交叉点的小摊本来没名没姓，因为其猪肚汤的名气，从此被饕客以之作摊名称呼。既是店中名物，定当有水准。汤头用接近二十种药材熬煮而成，说不上清澈，略有浑浊下带药材微香，不呛鼻，好入口；猪肚是店家每天早上在环南市场买回来的好货，经过多重清洁后才煮成汤，味鲜，软硬度适中，店家大方，满满一碗都是肚片，令人吃得过瘾。上桌前会下点药酒，令热汤药香酒香四处飘香，在台湾少见猪肚汤的当下，这一碗，值得喝。港仔每次喝汤都爱配白胖朴实的油粿，只以陈米和芋头制成的粿，味道单纯，配上店家自制的甜辣酱，特别好吃。

猪肚汤以外，或会好奇小葳姐还藏有什么秘密美食小摊于压宝箱内，实情是不少当年她的好心推荐都散落本书内容中，能成书，她居功不少，在此谢过。

【捷运板南线西门站】

万国酸菜面

包裹半熟荷包蛋的美妙酸菜面

半熟蛋搭配酸菜面，是这里的招牌美味

谁说脸书粉丝团只能作商业宣传或偶像崇拜？港仔的粉丝页两项功能兼备，同时具分享功能，既有香港好吃好买好玩各项信息亦包含个人生活经历图片与文字，更欢迎各地同学互相交流，港仔也是如此这般经台湾同学引荐于脸书，才会摸到万国酸菜面去。

说酸菜，会想到香港的咸酸菜，以为同样味浓，却清爽，万国的口味更见清新，既不加油也不下糖，只用干锅把以新鲜芥菜腌渍而成的酸菜炒以小火，直至水分全去，迫出香味来才罢休。炒香的酸菜配上特别粗壮又充满咬劲的好面条，再加一只荷包蛋，在开动前将之戳破，不管是汤面还是干面，让蛋液包裹着面条也好，或于大骨汤中蔓延成蛋花也罢，味道简单而纯朴，是当今难得的好味道。

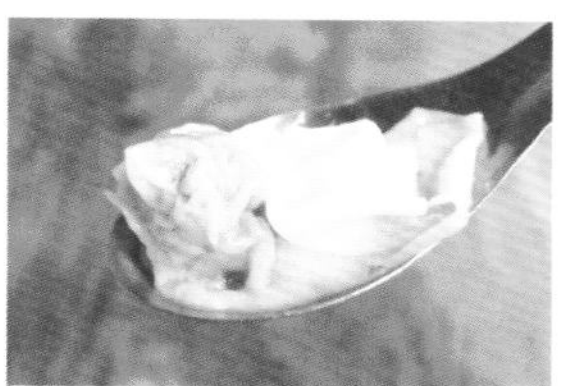
万国独有的酸菜馄饨

万国酸菜面
临近捷运站 西门站
地址 台北市汉口街二段42巷2号
电话 02-2370-8643
时间 06:15—13:30、17:00—21:00，月休三日不定时

半熟蛋相当诱人食欲

充满咬劲的面条

以小火将新鲜芥菜腌渍而成的酸菜炒香，口味清新

如此味道开店六十多年不变，只是新旧店主交替时，客人心理上难免觉得新不如旧，正好来个小革新，有次，二代老板把剩余的酸菜包入馄饨中，想不到竟然美味对味，配上酸菜面更是好。推出之后大受欢迎，客人信心回来了，港仔每回光临时都会点酸菜蛋馄饨汤面。

在此先感激网友好康相报，让港仔认识万国的酸菜面。

【捷运板南线西门站】

永富冰淇淋

屹立台北七十年的古早味冰淇淋

稍有年岁的人更能明白永富冰淇淋的好

古早风格的冰淇淋蛋糕

挖冰工具也充满怀旧感

永富冰淇淋
临近捷运站 西门站
地址 台北市万华区贵阳街二段68号
电话 02-2314-0306、02-2381-9189
时间 10:00—23:00

在台北餐饮大世界中寻找香港老味道似乎是不可能的任务，偏偏被港仔在东门兴记吃出古早港式烧卖，又在阿娥一尝早已失传香港的豆花味。当在开业七十年的永富冰淇淋再度重逢小时候另一味道时已不再惊讶诧异，而是心存感激与欣慰。

感激，全因此等古早冰淇淋早已绝迹香港。即便永富的口味不比当今市面上出品的选择多，只有芋头、红豆、花生、鸡蛋等八种口味，但全以当季最优质食材手工制造，工序耗时繁多，单是大花豆，每次要焖煮四至五小时才会软烂适中，芋头要先切丝、煮成芋泥后才能使用，甚至一度停卖的桂圆冰淇淋，经过千山万水，于台南找到合适的桂圆肉才再度生产。此等制作诚意，商业主导的大公司岂会如此大费周章？

或有年轻客人认为永富的冰淇淋不如现今的细致滑顺，甚至偶有冰沙口感。实情是现在制作的冰淇淋加入大量牛奶和鲜奶油，焉能不滑不顺？反而永富依照古法使用奶粉作原材料，口味口感上自然比较单纯朴实，至于略呈冰沙状之说，基本上是当年冰淇淋特色，于港仔吃来，童年味更重，能在台湾再品尝，只觉欣慰。

【捷运板南线龙山寺站】

万华陈记肠蚵专业面线

加进九层塔，意外更对味

硕大鲜美的东港蚵仔加上美国的厚切大肠，光是视觉就让这碗面线满分

陈记的蚵仔面线选用好食材，美味满分

以九层塔提味的蚵仔面线，更添独特香气

当时还是朋友死拖活拉把港仔带到万华陈记肠蚵专业面线来。

对蚵仔面线开始时印象不佳，首尝于西门町名店，竟然吃得蚵臭肠硬一碗糨糊面线难下咽的痛苦经验。后来再吃别家，不是蚵上裹粉太多巴着口腔不舒服，便是面线中的味精多得吓人。既然地雷陷阱如此多，从此成了港仔台式小吃中的不再往来户。

犹幸当年朋友执意坚持，港仔半推半就被带到陈家，要是那时牛脾气硬性子发作，至今应和蚵仔面线继续无缘。

陈家面线的魅力来自材料。使用的东港蚵仔个大、美味、鲜甜，又与众不同地采取厚切大肠头，软绵中略带嚼劲，即便是美国运到的冷冻货色，在卫生上、质量上仍是比东南亚或是大陆的好。于是一半蚵仔一半大肠于一碗之中，加上蒜泥、香菜和大骨熬煮而成的好汤头，视觉满分，美味满分。

店中又提供九层塔，据说早前香菜价钱飙升，遂以九层塔取代之，殊不知更是对味。即便当今香菜再度回落，店内仍免费供应给客人自由添加九层塔，成了陈记独家的美味特色。

万华陈记肠蚵专业面线
临近捷运站 龙山寺站
地址 台北市万华区和平西路三段166号
电话 02-2304-1979
时间 06:00—20:00

想吃蚵仔面线时，值得专程造访这里

芙蓉面滋味丰富可口，汤鲜味浓

【捷运板南线西门站】

龙记焓锅面

添加港式煲汤技术的汤头

墙上菜单只有这两种面，而龙记也光卖这两种面就成为名店

肉丝面入口清新，多吃几口，港式煲汤的力道渐渐浮出

龙记炝锅面要通过于大台北衡阳路上宽度只有九十至一百厘米的摸乳巷，为觅吃要走完这条二十多米的路途才能到达餐厅，着实好玩。

来自黄河流域的这个家常面食，漂洋过海来到台北，三十多年后仍能保持材料先爆炒、加入高汤后再换锅焖煮的煮面步骤，除了加入港式煲汤技术加强口味外，一直不变的传统烹调手法乃趣味所在。更有人把桌上的蒜泥添加汤中，觉得越多越够味，如此不可思议同样充满乐趣。

港仔更佩服其卖相掩眼术。龙记只提供肉丝和芙蓉两种口味，肉眼观之，前者口味肯定浓郁，入口清新却不仅在于材料中包含番茄或青菜，甚至几经熬煮的汤头味道亦来得比想象轻，港式煲汤力量发挥在多吃几口后，热汤之味渐渐在轻中浮出一层重；反之以为芙蓉味道普通寻常，原来丰富可口，特别是当肉酱均匀搅拌融于热汤后，汤鲜味浓，竟然带有港式家常风味于其中。令龙记的炝锅面既非大菜，亦没有惊天动魄地抢占味蕾，仍令人常想再吃，是港仔认为其有趣之处。

龙记炝锅面
临近捷运站 西门站
地址 台北市衡阳路84巷5号
电话 02-2382-2057
时间 10:30—14:15、16:30—20:15，周日公休
网站 www.facebook.com/LongJiQiangGuoMian

【捷运板南线西门站】

三味香馄饨包子专卖店

大咬烫口鲜肉包

对这鲜肉包情有独钟，爱其味鲜肉嫩又有蔬菜的清爽

最受推崇的花素包

这里也有卖各类面食和炸排骨

异乡人在台湾有当地人引路去吃当地美食固然好，可惜寻访肉包的觅吃之路殊不平坦。台湾肉包文化源自眷村，眷村现今没了，但是包子留下来，成为有点年资的集体回忆，更发扬光大至全台湾成了当地美食，既有包子名店被封为“台湾之光”，又普遍寻常得在便利商店便能买到吃到。

许是这原因，去到不同摊店，即便台湾朋友大口吃大力赞，来去都是因为“当年的味道”或“这摊自小吃到现在”，中间掺杂了回忆作调味，偏偏缺了这份历史回忆的港仔自然尝不出个中好。

倒是独自一人摸到三味香，反而吃到合意好肉包。他们的面团以老面混合新面，不仅满是面粉香，亦带来软绵中有韧性的口感。数种口味中以花素包最受推崇，木耳、蛋丝、豆干、青江菜和冬粉丝的内馅，清爽可口。

三味香共两家，虽为一家人，口味各异，港仔觉得衡阳路的比较对味

港仔则对用黑猪后腿肉加上大白菜韭黄等制作的鲜肉包情有独钟，爱其味鲜肉嫩又有蔬菜的清爽，难得还有热烫肉汤包于其内，港仔一次吃三个完全没难度。

追寻美食之道上，有志同道合之人当然好，但有时一人反而吃得更尽兴开心，港仔的经验之谈也。

老面与新面混合的面团，带来软绵中有韧性的口感

三味香馄饨包子专卖店

临近捷运站 西门站

地址 台北市衡阳路104号

电话 02-2388-8858

时间 07:30—20:00

N
大龙街
捷运圆山站
兰州中学
P40
简家大龙峒肉圆
民族西路
老牌张猪脚饭
P28
重庆北路三段
承德路三段
捷运淡水线
延平北路三段
迪化街
大桥头老牌
筒仔米糕 P32
伊宁街
P34
叶家五香鸡卷
大桥小学
捷运大桥头站
捷运新芦线
民权西路
捷运民权西路站
兰州街
太平小学
凉州街
成渊高中
P38
呷二嘴
米苔目
双莲小学
宁夏路
锦西街
佳兴鱼丸
P36
承德路二段
保安街
甘州街
重庆北路二段
归绥街
捷运双连站
延平北路二段
民生西路

第2章 口耳相传的大桥头老味道

不论猪前脚的哪个部位，都皮Q肉嫩，脂肪入口即化

【捷运新芦线大桥头站】

老牌张猪脚饭

畅快大啖 香浓猪脚饭

港仔觅吃从来不介意跟着报章杂志的介绍，按图按地址摸上门，唯是某些好店因鲜有接受采访都是靠朋友口耳相传而认识。以为店家太跩，其实不是，实情是因为生意太好，客人多得应接不暇。请来了媒体，亦要招呼，怠慢哪一方都不好，于是宁愿以客为先。或许可以从此理解老牌张猪脚饭虽为饕客口中的名店，却绝迹于媒体报道中的原因。在报道少、介绍不多的情况下，即便非高峰时间却依然是排成长长一条人龙，令老牌张更加神话化。

说神话，未免流于幻想式的不切实际抹杀了老板张先生的努力。当年工作于宴客流水席的张老板，决定专攻当时的宴客菜式——猪脚，几经改良研究后，正式成摊于数十年前，猪脚亦经历了几番演变，成就了今天的老牌张。

即使是非用餐时间，这里依旧排着长长的人龙

老板张先生永远笑容满面

当今贩卖的皆为温体猪前脚，贪其肉丰厚，也因运动量充足，肉质较有弹性，口感极佳，经卤汁焖煮四小时后，不管是腿库肉、中段还是中腿，都是皮Q肉嫩、脂肪滑溜滑溜入口即化的美味状态。

港仔最爱脚蹄，既是猪脚肉最好的部分，亦是胶质最丰富之处，一口饭一口蹄肉，实在过瘾。吃完，嘴唇都是胶，仿如涂了一层护唇膏，绝无夸张，亦非说笑。

胶质丰富的猪蹄，吃完满嘴都是胶，实在过瘾

卤菜选择不多，但都下饭好吃

经卤汁焖煮四小时，腿库肉香浓美味

淋上卤汁的白饭最销魂

食物以外，老牌张的吸引力还包括张老板本人。即便再忙，面对客人，不管新旧，他永远笑容满面，遇上老主顾如见老朋友般开怀畅谈更是常有的事。碰上港仔更是不得了，他的台式中文，港仔的港腔普通话，二人叽里呱啦说不停，更是热闹有趣。

曾有客人提议他如别的名店一般，以个人头像当招牌广开分店肯定是一桩发达大生意。

“有客人说店里看不到我，觉得猪脚亦失色，只以头像待客，老客人应该吃得更不对味，这种钱赚不来。”张老板笑着说。

如此诚意，令人对老牌张更是爱。

有时不一定要媒体采访杂志宣传，只要食物对了人物对了，名气自然会冲出来。

老牌张猪脚饭

临近捷运站 大桥头站

地址 台北市大同区民族西路296号

电话 02-2597-2519

时间 11:00—20:30，周一公休

不管新客人老客人，来到这里都能吃得开心

【捷运新芦线大桥头站】

掳获老中青三代的老牌米糕

大桥头老牌筒仔米糕

嗜辣、重口味的人，
辣菜脯调味

佐配猪里脊和卤蛋的筒仔米糕，是最美妙的古早味

价格实惠又美味的小吃摊美食，是居民的心灵支柱

大桥头老牌筒仔米糕
临近捷运站 大桥头站
地址 台北市大同区延平北路三段41号
电话 02-2594-4685
时间 06:00—16:00

蚵仔猪肝汤，搭配筒仔米糕最对味

一口吃进五花肉和米糕，滋味最销魂

从前香港大排档满街，美味小吃多得是，政府以市容为主和难以管理等理由将之取缔，台湾同样一街小摊美食却从没有如此恼人问题，小摊美食反成了人民文化。通过美食，维系一家，不仅对食客而言，甚至店家在生意以外亦成受惠者。

最佳例子首推大桥头老牌筒仔米糕。开业时，店主接近花甲，当年由杨老先生以小摊经营，二代传人杨小姐从前则每天于上学前下课后帮忙，至今接手迁进店面，姐妹弟弟四人从旁协力。世代更迭中，经营方式转变，不变的是米糕依然用杨爸爸当年的方式蒸制，坚持采用圆糯米增加弹性黏度，再以古老木桶做容器将之蒸熟，然后拌入添加了蒜酥、胡椒、猪油的卤肉汁为其加味加色，不管配上入口即化的五花肉还是口感特佳的猪里脊和卤蛋，风味同样好。即使店中菜单上不断加入新的食品，唯独米糕的地位至今不变，不少顾客老中青三代都是他们的拥护者，是大稻埕早餐的热门选择。

当年为养家糊口，今天为口味传承。杨家的故事，见证了一家人的和睦齐心，成就了一个美食老品牌，服务民众，亦吸引观光客，制造商机，促进经济。

老板儿子特地跑来提醒要多吃黄瓜来解腻，在这里不只尝美食，还有满满的人情味

【捷运新芦线大桥头站】

职业精神的手工鸡卷

叶家五香鸡卷

这天老板儿子也在现场，平时严肃的老板难得笑容满面

叶家五香鸡卷

临近捷运站 大桥头站
地址 台北市大同区延平北路三段8号前
电话 02-2594-3015
时间 16:00—23:00，周日公休

美食评分可以由客观条件和主观因素两方面入手。以叶家鸡卷为例。

小小摊子来客总络绎不绝

半世纪的老摊老味道谁说一定好？还要凭借当今二代老板叶先生的认真处理才成事。如此传统小吃很简单，却有看不到的耗时工夫于背后。单是以手工为温体猪后腿去筋去膜再切丁、切好的洋葱以电风扇来除湿、豆腐皮以人手裁剪成方正整齐，每天起码花上六小时处理。即便开摊后，但见叶老板抓起一把洋葱和混合香料调味的猪肉丁铺在豆腐皮之上，一拉一包一卷，鸡卷成形下油锅，这些轻松利落，却都是经验累积。

说叶老板认真绝非无的放矢，每回光顾，他都神情专注不苟言笑，大有料理人的严肃架势。倒是有一回到访时，凑巧老板的儿子也在现场，父亲看着儿子难得态度轻松，甚至和港仔说到早前和儿子游玩香港迪士尼的趣事，笑意之中尽显父爱。小朋友后来还跑到港仔桌前提醒要多吃腌黄瓜来解腻，令港仔当天除了吃进美味，还尝到感动。从此不管叶老板的表情神态如何，每回光顾想到的都是当天的父慈子孝，为美味鸡卷平添不少分数，这正是前面所说的主观因素。

看似简单的鸡卷，馅料处理却耗工费时

现包鸡卷下锅油炸，香气诱人

【捷运新芦线大桥头站】

佳兴鱼丸

到鱼丸店只为销魂干冬粉

这里的鱼丸汤固然美味，但干冬粉同样令人贪恋

鱼丸爆汁美味，以鱼骨熬制的汤头也万般鲜美

鲨鱼皮滑溜有弹性，能尝到满口胶原蛋白

浑圆爆汁的手工鱼丸，早已是这里备受肯定的美味

佳兴鱼丸
临近捷运站 大桥头站
地址 台北市大同区延平北路二段210巷21号
电话 02-2553-6470
时间 09:00—19:00

大众来访佳兴的目标一致，都是为了福州鱼丸。

他们的鱼丸以鲨鱼肉和地瓜粉打成浆，制成外皮，口感又软又绵，稍带弹性，同时充满鱼香。咬下去，肉馅扎实，内有温体猪前腿绞肉、油葱和酱油，由人工包裹进鱼浆之内，二比一的黄金比例令鱼丸湿滑不油腻，更会爆汁流出丰富肉汤。煮过鱼丸的汤头会和鲨鱼骨一起熬制汤底，鱼丸配鱼汤，带来一脉相承的鱼鲜香甜，焉能不好吃？

港仔每次前来则另有所图，全是为了贪恋鲨鱼皮和干冬粉。

佳兴以东港黑鲨鱼制作鱼丸，剩下的鱼皮以滚水氽烫，淋上酱油膏、油葱、香菜、芹菜等配料，化身为另一民间美食。不像在其他店里吃到的软趴趴得令人恶心，佳兴的鲨鱼皮滑溜有弹性，先让口舌品尝感受满口胶原蛋白，再让皮肤吸收，带来前后两种不同的享受。

干冬粉优点在于浇在上面的猪油，为柔软的冬粉带来一抹浓香，咀嚼之间，芹菜丁又引出了一点的清新清爽，以为只是看似很一般的面点，其实同样赞。

热门的美味早被肯定，人人都爱的情况下，可以另辟天地选择店中另一口味另一款式，发掘出新的美味来，才是真正的吃货之道。

大红豆是冰品必搭美

【捷运新芦线大桥头站】

呷二嘴米苔目

打破既定印象的米苔目冰品

米苔目加刨冰、糖水，是台湾独有的面食甜品

自制的米苔目，有着满满米香

Q弹的粉粿，也是冰品必搭美食之一

店里分成外带区和内用区两个排队路线

总有一种既定概念或主观思维来扯后腿，叫人不敢多走一步去尝试。

以美食为例。

米苔目，也就是香港的银针粉，能当汤面，亦能下肉加鸡蛋炒之，以吃热吃咸为主。台湾亦有放大骨汤再配黑白切的吃法，但佐以糖水刨冰的古早吃法同样受欢迎。

因为香港没有甜食的银针粉，这种佐以糖水刨冰的古早吃法对港仔来说有点匪夷所思。其实不就是将之放进口中，咀嚼过，品尝后，来下一个喜欢不喜欢的结论般简单？想通后，没有再犹豫地去尝试，吃过以后，答案很正面。或许应该感谢挑战之地呷二嘴，凭其出色手工制作，米苔目软嫩间渗出在来米的香，混合黑糖水，勾引出糯米的甜，配上刨冰令其稍稍收缩后更见弹性。如此水平，全仗呷二嘴开业半世纪的经验，当年凭借米苔目打下江山，至今于台北，仍是名列前茅的米苔目好店。

挑战过后，从此顿悟，美食如人生，只要尝试，不爱，拉倒；要是从此喜欢上了，生活中又多一个选择，多好。

呷二嘴米苔目
临近捷运站 大桥头站
地址 台北市大同区甘州街34号
电话 02-2557-0780
时间 夏季冰品：4月中旬至10月供应，09:00—17:30（逢台风假公休）。冬季热食：11月至次年4月中旬供应，08:30—17:30（逢每周一公休）
网站 www.2m2m.tw

微甜的白色酱汁加上橘色甜辣酱，让肉圆美味更升级

【捷运淡水线圆山站】

简家大龙峒肉圆

肉圆的绝妙混搭风

虽然忙碌，老板娘依旧笑容满面来待客

港仔爱时尚衣饰来美化外表，也爱美味食物来丰富灵魂。看似风马牛不相及的两者，亦有共同处。穿衣之道，懂得搭配，自然好看，穿出个性来，美食何尝不？同样以配合为重，如此感受在吃过简家大龙峒肉圆后更是深。

别家肉圆的材料何其多，红糟肉、香菇、虾米、虾仁塞满内馅空间。而简家只有竹笋丁和猪肉，大不了就是多了一只鸟蛋。不管真如老板所言是应客人要求还是食材成本上调的关系，重点在于即便材料简约，竹笋的鲜脆，对比肉圆皮的软糯，加上肉嫩，不同口感出现在口腔牙齿间，感觉依然曼妙；鸟蛋惊喜加入于咀嚼时，没有突兀，反觉和谐舒服。除了在食材上互相衬托带出最佳效果外，调味酱汁亦应记一功。无论是微甜的白色汁液还是橘色的甜辣酱，同样以米熬煮，配合以米饭搓制而成的肉圆皮，有一脉相连的爽口，这些都是食物搭配得宜下发挥出的最大的美食力量。

简家大龙峒肉圆
临近捷运站 圆山站
地址 台北市大同区大龙街188号（隔壁骑楼）
电话 02-2591-1938
时间 14:30—23:30

内馅饱满的肉圆，实在太诱人

位于骑楼下的小摊子，每回经过都想带一份肉圆回家

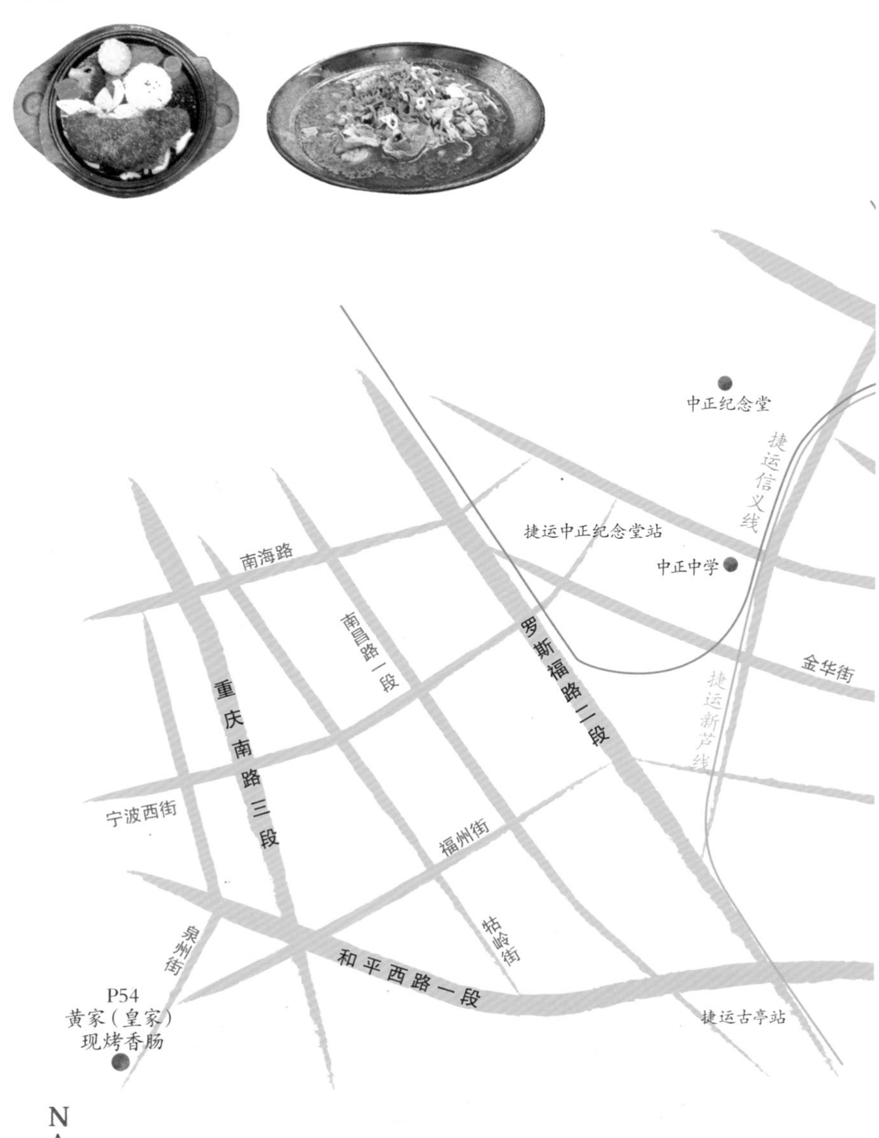
中正纪念堂
捷运信义线
捷运中正纪念堂站
中正中学
南海路
南昌路一段
罗斯福路二段
金华街
捷运新芦线
重庆南路三段
宁波西街
福州街
泉州街
牯岭街
和平西路一段
捷运古亭站
P54
黄家（皇家）
现烤香肠
N

第3章 东门的幸福之味

临沂街
马叔饼铺 P46
东门兴记
手工水饺
港式点心
P44
信义路二段
御牛殿 P48
捷运东门站
永康街
丽水
爱国东路
金山南路二段
韩记老虎面食馆
P52
潮州街
和平东路一段
台湾师范大学

【捷运信义线东门站】

东门兴记手工水饺、港式点心

比香港更传统，港仔也痴迷的港式烧卖

这里的香港古早味烧卖，令港仔重拾当年的乐趣

令大美人为之疯狂的冷冻水饺

叉烧包能吃到最地道的港味

老板于七十年代特地拜师在香港名师门下

东门兴记因为林青霞买下二千四百颗水饺回港而成就了一则台北美食传奇。店家的忠实粉丝又岂是只有她一人？在下亦已帮衬多年，至今仍乐此不疲，只是目标不一，林小姐爱兴记的手工水饺，港仔则为他们的港式烧卖而痴迷。

或会心里嘀咕，应该是台湾旅人游历香港去饮茶尝点心，港仔怎会反其道而行？

读者们有所不知，近年香港烧卖制作与口味和从前越走越远，某些酒楼只裹以虾肉便推出贩卖，美其名曰海鲜价更高，实情是简化工序，不仅口味有变，亦扼杀了传统点心文化。

倒是东门兴记懂珍惜，当年二代老板因大爱港式饮茶，于二十世纪七十年代在著名点心师傅门下拜师学艺。至今推出所有港式点心，完全根据当年配方处理，不仅叉烧包和萝卜糕令人吃得满口港味，港仔情有独钟的烧卖更厉害，虾丁、肥肉丁、猪肉丁和香菇丁的比例平均，四种材料带来软脆爽嫩的口感，既有油脂又有肉香虾甜，如此古早口味被港仔在台湾寻到吃到，比林大美人于家乡买回水饺在香港享用更难得。

东门兴记，功德无量。

各式港点，让港仔也痴迷

东门兴记手工水饺港式点心
临近捷运站 东门站
地址 台北市中正区金山南路一段120号
电话 02-2341-2214
时间 08:00—19:00，周一公休

【捷运信义线东门站】

马叔饼铺
远胜美食之都的清真烧饼

用台湾黄牛来做酱牛肉，与芝麻烧饼是绝配

芝麻烧饼夹进放血牛肉，是最正宗的老北京味道

两种口味的传统点心：糖火烧、椒盐饼

每日手工现做的烧饼，以老面制作，越吃越香

马叔饼铺
临近捷运站 东门站
地址 台北市中正区临沂街67之2号
电话 02-2396-2788
时间 7:30—16:00，周五公休

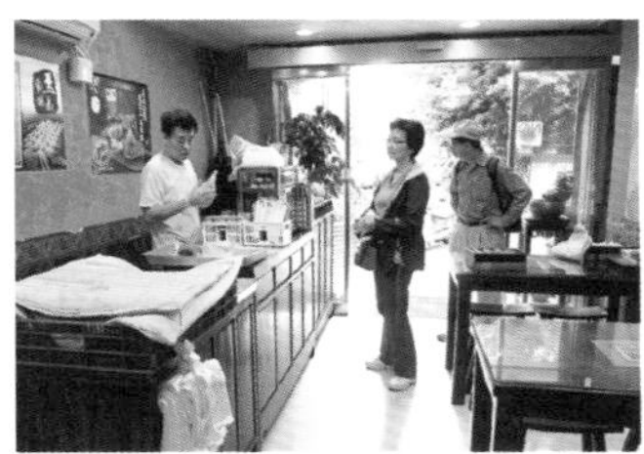

也可以坐在店内享用这份清真美味

香港回教餐厅比台湾多，既有清真好吃的烧鸭，又有难得的回教风味港式点心，最普遍的清真羊肉饺子和咖喱在不少地区都可以吃到，香港的回族好食众多，独是欠了北京城中随处买到吃到的芝麻酱烧饼。

从前游京城，每回吃到涮羊肉，肉在热锅滚汤中一涮，立马往芝麻酱烧饼中一夹，大口往嘴巴送，皮酥内软加肉香，那样才过瘾。从来不好芝麻酱的港仔，难得疯狂迷上这味道，有时在当地的回族馆子吃羊肉汤或是北京烤鸭，如有供应，都要配个芝麻酱烧饼来解馋。这几年再在京城吃，明显不一样，尽管外表依然，味道口感有变，吃得不是味儿。

反而在台北吃对味，就在马叔饼铺。马叔的芝麻酱烧饼由老面带来了嚼劲，芝麻酱香味丰富，是真正的越吃越香。客人都爱烧饼夹肉，使用台湾黄牛做的酱牛肉，经放血后牛肉味道特别鲜浓，加上卤得特别深特别透，和芝麻烧饼绝妙搭配，活脱就是当年北京吃到的老味道，在当今京城吃不到，有美食之都称号的香港也没有，反而重现于宝岛，台湾餐饮业界说多奇妙便有多奇妙。

淋上热汤，七分熟的粉嫩牛肉让人欲罢不能

【捷运信义线东门站】

御牛殿

品尝台湾黄牛 最幸福

老板为了让台湾人尝到当地好牛而投资养牛业，而后更开设餐厅

想尝台湾好牛，就在东门市场小巷中

知道御牛殿是在去往马叔饼铺的路上。小店一间，门外简单面摊一个，店内数张木桌，兼卖生牛肉，但每每见客人于门外等座位。好奇之下光顾，不仅吃得特色牛肉面，台湾故事再添一则记于港仔本子中。

御牛殿两位合伙人杨先生和张先生都是有心人，为了促进台湾黄牛业而努力。

故事的开始来自杨先生，本为发型界中的二人，杨先生为了接手家中农场而转换行业，发现每回农作物有三成被客人退回来，丢掉觉可惜，遂萌生开设牧牛场之意，把不合格的用作养牛之用。只是养牛不易，没有饲养十八个月不能宰，投资四千万，一年半完全零收入。杨先生却认为要做便做最好，研制出自家契种不下农药的饲料，亦不于牛身上施打生长激素和抗生素。如此饲养出来的天然无毒牛，肉质嫩，牛味鲜，并且拥有生产履历身份证又有CAS标章，却因为有中盘肉商从中操控，台湾黄牛不仅卖不到好价钱，数年下来，一直亏本经营。更甚者，民众连认识台湾好牛的机会都亦缺乏，杨先生遂决定于东门市场小巷中自设门市。

少了中间人的价钱操控，御牛殿以最合理的价钱贩卖最优质的牛肉。因为都是当天屠宰，肉品多了一份新鲜，即便外国冷藏进口的最高级牛肉也难媲美，加上张先生提议在店中增设餐厅空间，以牛肉面、牛排等食物征服味蕾和人心，御牛殿从此得道，成为饕客的收藏好店。

众多牛肉面中，最爱有别于传统模式的刺身口味，除可选择牛肉外，优质生牛肉可直接上桌，再在客人面前淋上热汤，牛肉经过汤汁洗礼下以七分熟之姿呈现，颜色粉嫩粉红，味道极鲜极甜，配上大骨、牛筋和大量蔬菜熬煮而成的红烧浓汤（可选清炖）和特制拉面，成就了一碗台式新派牛肉面。有时欲罢不能，还要多点一客牛肉刺身才能满足口腹之欲。

鲜嫩的牛排，征服了饕客的心

点一客牛肉刺身，好满足口腹之欲

当今御牛殿已经于台北和嘉义开设四间餐厅，营业额稳步上升之时，两位老板在牧牛业和牛肉处理上仍然不敢怠慢，只望精益求精，让民众对台湾黄牛有更深层次的认识，尝过他们的牛肉会从此爱上，转为支持本地出产。

有时很替台湾开心，为了本土利益一直努力的有心人很多。

牛肉加点微酸沾酱，让口感更清新

店内以图示解说牛肉各部位

御牛殿

临近捷运站 东门站

地址 台北市中正区临沂街70号

电话 02-2356-3468

时间 生肉区07:30—20:30，熟食区10:30—15:00、16:00—20:30，周一公休

网站 www.drbeef.com.tw

【捷运信义线东门站】

韩记老虎面食馆 大口吸饱麻辣汤

特制酱料：双椒油、泼辣子、红油

麻辣羊肉汤，肉汤香甜，层次分明

吸饱汤汁的麻辣臭豆腐，一吃就爱

炸酱面，使用的面条稍粗，弹性十足

韩记老虎面食馆

临近捷运站 东门站
地址 台北市金华街203号
电话 02-2391-3483
时间 11:30—21:00

对台湾朋友的韩记老虎面和光复南路某面店是兄弟店之说有点不以为然。

两家餐厅同样以吃麻辣汤面著称，后者味道很不错，若论水平，和前者有点距离。

韩记麻辣面汤头的麻和辣互相配合又不会盖过肉汤的甜香，喝一口，肯定能喝出层次分明。猪、牛、羊肉任选一款作搭配，对港仔有点认识的一定知道羊是唯一选择，膻香配上好汤，更遑论汤中的豆皮鸭血给得大方，味觉上绝对是更上一层楼。

也爱他们的拉面。微粗，弹性十足，加入麻辣汤中成汤面是不少人的选择。港仔则爱点个麻辣羊肉汤配炸酱面，汤能尝，面能吃，分开吃，一起吃，吃出两个口味来。

还有一道臭豆腐，使用虾米增加咸香，丰富了味道。豆腐没有很臭，但是吸饱汤汁，一口咬下热汤流进口腔，配上臭豆腐的蜂巢质感，不爱臭的应该也会爱上这一道。

如此美食水平，如果说和光复南路的那家名店出自同一老板，难以信服。

曾于网上看到有人写道："两店的老板为好友，光复南路名店的老板于开业时曾向韩记老板请教。"

兄弟店之说，执真执假，港仔心中已有数，读者也来自行判断吧！

【捷运新店线古亭站】

黄家（皇家）现烤香肠

原味现烤香肠，简单最有力

酒味香浓、肉汁丰盈的原味香肠

来台之始于夜市中看见各式各样的香肠，菲力、麻辣、蒜泥、沙茶口味众多，从此便认定香肠非要多种选择才叫好。

后来遇上黄家（皇家）现烤香肠，才发现原味的单纯才是王道。

创业于一九九〇年的黄家（皇家）现烤香肠由始至终只以原味香肠行走江湖，材料也只是简单用温体猪后腿肉，配上七八种中药材腌制，再烤十分钟便能食用。一根红通通的香肠看似普通，却外皮香脆，入口酒味香浓，猪肉充满弹性，即便瘦肉偏多，缺少肥肉，依然肉汁丰盈，美味可口。难怪处于两座大楼之间的夹缝中仍能存活至今，历经二十五载成了著名小摊，每天开摊后不仅带来人潮，更引来车龙，大家为了这根好香肠等半小时亦在所不辞。

黄老板光靠一种原味烤香肠，就摆摊二十多年

生大蒜加原味香肠的吃法既传统又经典

自制的原味烤香肠，常引得人龙排队等候

于排队等候时问老板黄先生其香肠好吃的秘密。

他答："只是熟能生巧，都是经验之谈。"

"不想多弄点口味？"再问。

"忙不过来啊。"

说得谦虚却字字掷地有声。从此顿悟，实在不必勉强自己成为事事通，选择一条适合自己的路，从此专攻一科，前路或许会更光明更辽阔亦未可知。

香肠悟人生。

共勉之。

黄家（皇家）现烤香肠

临近捷运站 古亭站

地址 台北市中正区泉州街32之3号

电话 02-2309-7428

时间 13:00—19:30

霞海城隍庙
永乐公有市场
P66
小春园
条仔老店米苔目
P68
塔城街
P60
吴碗粿之家
黑点鸡肉
P58
延平北路
大稻埕米粉汤
P64
重庆北路一段
赤峰街
南京西路
承德路一段
太原路
捷运中山站
捷运淡水线
台北当代艺术馆
长安西路
华阴街
京站时尚广场
市民大道
台北火车站
忠孝西路
捷运板南线
新光三越
捷运台北车站

第4章 品尝后火车站人情味

每个人桌上都必切有一盘鸡肉，溏心蛋也是招牌

【捷运淡水线台北车站】

黑点鸡肉

鸡肉加米饭才是绝配

皮脆肉嫩的鸡肉，叫人口水直流

黑点鸡肉的木头摊位很好认，后方还有许多座位，人潮从来不曾中断过

尽管港仔于台北生活后养成爱汤面的习惯，但该吃饭时便吃饭，同样能吃得津津有味。如此特别例子发生在光顾黑点鸡肉时，甚至明明知道另外有汤面或米粉供应，偏偏总爱于每回光顾时点一碗饭来配鸡肉吃。

黑点的这碗饭普通得令人诧异："不就是上面加了点油葱的米饭吗？顶多饭粒特别饱满而已。"

把饭耙送入口中，细味咀嚼，让米饭通过舌尖先送上鸡油香，在其缠绕之时，来品尝米饭的魅力，软烂中有一种柔韧，绝非一般米饭，也肯定不是糯米能带出的口感。几经查询，原来用的是寿司米，难怪有此效果，配上鸡油和红葱，在口腔中缠绵缱绻，极度销魂。

鸡肉也是好，颜色粉红、皮脆肉嫩。制作方法只有三个步骤，先用热水煮熟，抹上盐巴，再放进冰箱，如此台式传统煮鸡大法实在没有秘籍可言，家庭主妇谁不会？可是要做出好吃鸡肉来却不是人人都可以的。

如此好饭好肉，港仔觉得是黑点中的完美绝配，即便他们的汤面同样加入鸡油，同样香，但此时，饭比面好，吃饭才是王道。

黑点鸡肉
临近捷运站 台北车站
地址 台北市华亭街2号
电话 02-2558-0754
时间 08:30—20:00

淋上鸡油的白饭，选用寿司米，难怪比别家的好吃

如此香浓美味的鸡肉，做法竟很简单

【捷运淡水线中山站】

吴碗粿之家
传承半世纪的台南碗粿

盛在粉蓝小碗里的碗粿，视觉与味觉都充满让人怀念的古早气味

先尝碗粿原味，再倒入酱汁，有两种迷人风味

刚结束中午用餐时段的人潮，午后的老店正清闲

香港美食传承不易为，不是不想，而是不能。都市更新是问题，老店要重新经营，资金、客人都是压力负担，说多难有多难；店面续约时亦有突然被通知租金以倍数调升的情况，不少老店好店因此而消失于香港市面。

如此无奈犹幸没有出现于吴碗粿之家的父子身上，二人铁心守着碗粿半世纪以为只为家业，其实更想把一份传统美味流传下去，看似只是小吃一份，原来背后意义重大。

五十多年前卖鞋子的吴老先生看到旁边碗粿小摊老板要告老归田，遂请求传授传统台南碗粿的制作良方。最后不仅学会了，更把小摊接下来继续经营，当年他只是十多岁的年轻人。

十多年前，吴老先生的儿子吴大哥接手生意，同为血气方刚好青年，当时当兵刚退役，一心想要完成大学，却被老爸要求留在店中帮忙，从全无经验到今天打理得头头是道。听他说着做米浆为何要采用两三年的陈米才能做出弹性和米香，再看他示范炒肉燥分两次放入自己炸的油葱酥来丰富香气，甚至如何以卤肉高汤做成酱汁都是一门学问，吴大哥如数家珍地边干活边解说。明明已为个中专家，却话语谦逊诚恳，还一直表示为了守住食物质量，蒸煮碗粿的每一个步骤仍按照当年老父教导处理，所用的粉蓝小碗甚至和当年的一样，至今仍然没变，务求把吴老先生创办的美食和传统于半世纪后完整保存。

许多老客人仍不时上门，一尝这五十年不变的好味道

继承父业的吴大哥，完整保存吴老先生创办的美味和传统

以传统方式制作碗粿，每一个步骤都是学问

位在街口转角的吴碗粿之家，守着传统美味半世纪

吴碗粿之家

临近捷运站 中山站
地址 台北市长安西路177巷1号
电话 02-2550-0901
时间 周二—周六06:30—16:00，周日06:30—14:30，周一公休

吴碗粿之家是五十年老店

未曾吃过吴爸爸当年的亲手制作，无从比较五十多年前与现今的口味是否有差异，但观乎数十年老客人仍天天开心上门，可见即便有落差也只是程度轻微的落差。

新客人如港仔之流在不能古今对照下，亦能尝出他们和别店出品的分别，不仅在于放入蒸炉前刻意泼上一点酱油令其表面洁白中加上绚烂斑点，还使口感扎实富弹性。先吃一口原味，再倒入酱汁，前者味道朴实，米香迷人，后者肉香油葱酥同样香，加上其他材料处理得宜，又是口腔的另一种满足。

边吃边问道，把一生最精彩的青春献给碗粿的吴大哥可仍有梦？

“或许在菜单中加入一些别的食物吧，不过要等儿子们长大后才可以实行。”

“会教儿子做碗粿吗？”

吴大哥但笑不语。

刚出锅的碗粿，米香扑鼻

老板是这个小摊子的宝，许多人来到这里尝米粉汤，多半是为了看老板

【捷运淡水线台北车站】

大稻埕米粉汤

尝猪杂美味，更尝老伯人情味

各式猪杂，该点些什么，听老板的就对了

香浓米粉汤，只要尝一口就会爱上

米粉汤上堆起一座猪杂山，气势慑人

大稻埕米粉汤

临近捷运站 台北车站

地址 台北市重庆北路一段26巷15号

时间 08:30—15:00

初访米粉汤小摊者会惊讶于这老饕口中推崇备至的美味小吃竟然只有十个座位迎客，又会被大汤锅上堆起的乱七八糟的猪杂山中澎湃的气势震慑到，躲于其下的米粉汤吸收了猪杂精华，令汤头更甘甜，简单下点香菜加点胡椒粉，已然是人间美味。内脏从肠、肚、肝到肺都有供应，甚至眼窝肉或猪牙龈亦能在此吃到。

老板是位老伯伯，他说九岁开始帮忙摆摊至后来独自开摊经营至今超过六十年，从来只卖一味猪杂米粉汤，手艺技巧在岁月累积的经验下完全不容置疑，猪杂不仅清洁干净，没有异味腥臭，烹煮时间火候亦拿捏准确，发挥出内脏应有的鲜甜和独特口感。

老板人也妙，知道港仔怕猪肺，刻意送上两块鼓励试吃。礼貌使然，放进口中，立时被其软嫩Q弹征服，就多点一盘来让口舌过瘾。他又爱拍照，遇上客人有要求，不管是装切菜或是盛面，都愿意配合。

新加入的客人或会好奇于他指头上涂的银粉指甲油，答案是老板年事高眼睛不好，如此闪亮颜色能避免切菜切到手。提到健康，老伯的右臂因每天切切剁剁数十年早出现劳损，之前甚至进医院动刀医治。家人劝休息，他就是舍不得客人，一直不肯，出院后又跑回来开摊。所以不要嫌座位少，当今能吃到，已是福。

【捷运淡水线中山站】

小春园 最爱特调卤汁鸭舌头

先卤后蜜的鸡尾，散发出蜂蜜香气

这里的卤味既有老卤的醇，又带着淡淡酒香

开业上百年的小春园，陈年风味令人留恋

香港旅人于台北旅游时，爱买西门町半世纪老字号的鸭舌，港仔则喜欢带一众港友到南京西路圆环旁的小春园。

同样卖卤味的小春园开业上百年，同样拥有好吃的鸭舌头。以陈年卤汁和四十多种药材调味卤制出来的鸭舌不会干柴，淋上红油后，外表胀鼓鼓、油亮油亮的，既有老卤的醇，又带淡淡酒香，味道甘甜，又辣又好吃。

好味以外还有一点非一般，别家鸭舌舌头气管连成一线，小春园的却没有管子。客人或会觉得少了管子有点不完美，其实是喉管难以清洁，为免残留杂物，直接拔掉是正经。反正那部分没有肉也不能吃，见微知著，看出店家对客人的细心。

除了鸭舌，亦要推荐鸡尾巴，先卤后蜜的方式，不单甜蜜不油腻，还散发出蜂蜜香气，港仔最爱以此道来孝敬外婆，看着老人家吃得开心，港仔人也乐。

或会好奇，既然有小春园的美食，为何港人仍会一窝蜂往西门老店跑？只因为台北太大，好店太多，小春园的名气仍没有打入港客中，正如台湾的各位到香港抢购Jenny Cookies（珍妮饼干），其实还有其他更具水平的饼干店，只是你不知道而已。

这里的鸭舌会特地把喉管拔掉

小春园
临近捷运站 中山站
地址 台北市南京西路149号
电话 02-2555-5779
时间 09:30—22:00
网站 www.scy101.com.tw

米苔目的鲜甜汤头，全来自店中猪杂好料

【捷运淡水线中山站】

条仔老店米苔目

以猪杂汤头 搭配纯米米苔目

老板头像挂上招牌

条仔老店米苔目
临近捷运站 中山站
地址 台北市南京西路233巷3号
电话 02-255-2073
时间 06:00—14:00

这里的米苔目以纯米制成，入口即化

一碗米苔目，一份脆管、猪皮，就能吃得好满足

当网上都说条仔老店米苔目的汤头鲜甜是因为大骨熬煮，港仔可以拍着胸口为条仔澄清。如此自信，只因老板表示，汤的鲜味、汤的甜完全来自店中贩卖的猪肉内脏黑白切的好材料，皆以同一锅热汤汆烫煮熟，味道精华自然散发一汤头，令汤浓中有清，重中带轻，成为美味来源。

配合美味好汤，需要条仔的美味米苔目。条仔的米苔目从不下粉，只用米，成品少了弹性，软绵中，入口即化，带出米香。在好汤配好面下，简单调味后，再淋上油葱和韭菜，看似平平无奇，其实已是人间美味，只要品尝，准会着迷，能以米苔目经营半世纪，自有其道理。港仔有时会点一份猪皮，有时会来一客脆管，更多时候以肝连肉配着吃，让浓郁肉味和米苔目于口腔中结合，是另一种享受。

问老板对网上错误介绍其汤头可会介意？

他笑眯眯说道：“没关系，下次问清楚就好。”

或许只是小事一桩，但是以讹传讹的威力有时往往在想象之外，当在鞭挞媒体新闻都不求真求证之时，岂可严以律人、宽以待己？

N
捷运新芦线
民权西路
捷运民权西路站
捷运淡水线
承德路二段
成渊高中
双莲小学
锦西街
双连花枝羮
P76
双连古店
冬瓜茶
P78
归绥街
车库（何氏）油饭
P72
兴城街
双连街
P74
阿桐阿宝
四神汤
P80
双连鹅家庄
捷运双连站
民生西路

第5章 双连市集里的小市民日常

黏糯的油饭口感正对味，越吃越能尝到米香

【捷运淡水线双连站】

车库（何氏）油饭

清早限定的美味

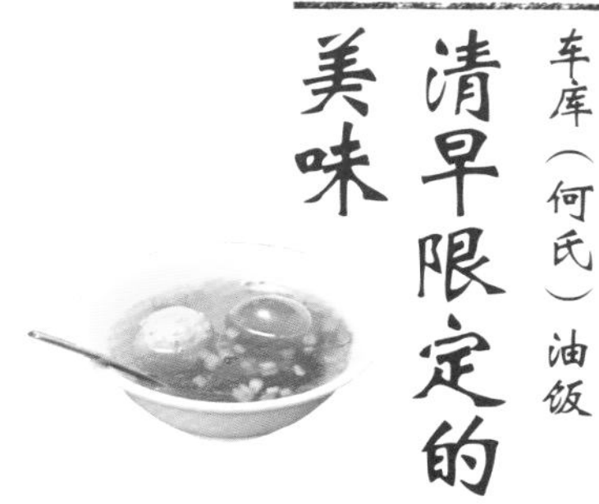

这家无招牌的油饭摊，有人称之为何氏油饭，因为老板姓何

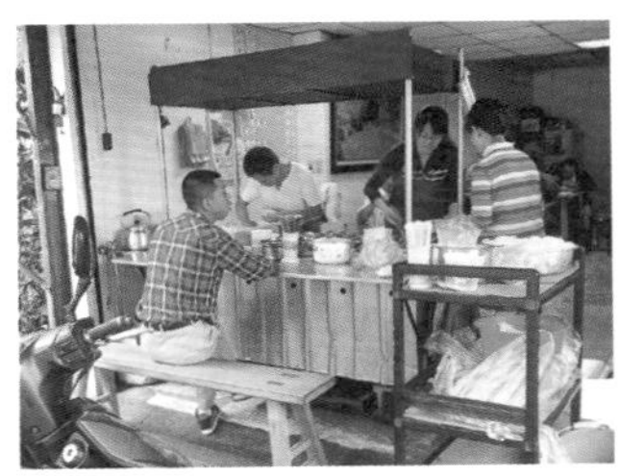
美味的油饭，早晨限定

在车库中以车陪伴吃的环境着实有趣

车库（何氏）油饭
临近捷运站 双连站
地址 台北市双连街52号
时间 07:00—10:00（卖完为止）

为吃可以不管距离，却不能起个大清早，早起要了港仔的命，偏偏台湾餐饮于早餐时段又是另一个天堂，非在早上吃不到。于是港仔于早上七时出现在这个油饭摊，当然并非觊觎其开摊地点在车库中以车陪伴吃的环境有趣，此行肯定只是为了好味道。

这家没名没姓的油饭摊，有人称之为何氏油饭，因为老板姓何，更多人爱叫它车库油饭，只因地点所在。虽然说是无名氏，其油饭在饕客之间名气响当当，但评语两极，只因油饭较软Q，爱吃硬饭的自然觉得不是味儿。港仔则偏爱这种黏糯口感，倒是别人要多油多酱，港仔怕甜，特别是甜酱，永远只要大量油葱酥、少一点甜酱，反正只用作提香，酱少反而越吃越能尝米香，冬天时再配一碗贡丸卤蛋汤，这样一套吃下去更是饱足暖胃。

读者阅文至此可能疑惑鄙人既然讨厌早起又如何能常来光顾帮衬？实情简单，不睡便不用一大早起来，至于当天之后如何辛苦度过，港仔的意思是吃饱再说。

【捷运淡水线双连站】

阿桐阿宝四神汤
爱汤者的救星

这里的烧卖跟一般的不一样，皮比较厚

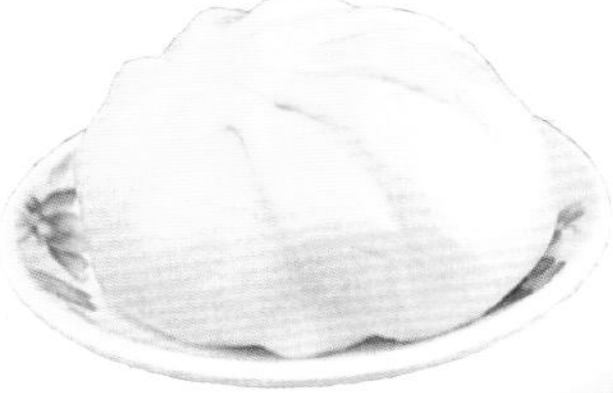

香醇浓郁的四神汤，是爱汤者的救星

以肉粽搭配四神汤，就是心满意足的一餐

港人爱汤天天喝，港仔岂能例外，奈何汤品在台湾餐桌地位不算高，即便吃到，因为饮食文化不一，味道感觉自然和港式汤水有别，对初到台湾的港仔来说实在不习惯。当年曾经为了一尝好汤好水，四处寻觅大台北，直至摸到双连来，在阿桐阿宝四神汤中终于首度吃对味。

因为生意太好，隔壁也增设为用餐空间

四神汤的材料包含淮山、莲子、茯苓和芡实四种中药材。据说当今都以薏仁取代之云云，倒是阿桐阿宝四神汤依然固我，以同样材料煮汤，只是把药材磨成粉末倒进汤内，所以虽然肉眼看不到，但是精华在其中，再以大骨和猪肠慢火炖煮四十八小时才以之奉客。吃前加入桌上以当归人参浸泡的米酒，香醇浓郁，闻起来都觉得补。

客人爱以店家自制的肉包、烧卖和肉粽搭配同吃，一心为喝汤而来的港仔，则目标明确，只以汤为主。因为营业到凌晨五点，当时三天两头想吃时便跑来吃，成了港仔从前帮衬最多的餐厅。

在台湾生活十年，早已习惯台式口味，依然感激当年阿桐阿宝拯救港仔于水深火热中，至今仍不时光顾吃一碗。只是人在外，心系港菜，总会有想吃港式好汤时，唯一办法是在家自己煮。爱港汤，这生应该改不了了。

阿桐阿宝四神汤

临近捷运站 双连站

地址 台北市民生西路151、153、155号

电话 02-2557-2280

时间 11:30至次日05:00

阿桐阿宝在这里矗立将近四十年

厚厚一条花枝，满足了爱吃花枝的欲望

【捷运淡水线双连站】

双连花枝羹

以蔬菜熬制的清甜汤头

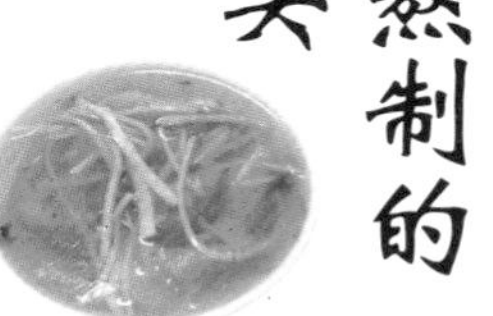

花枝羹佐以微辣泡菜，又是另一好味道

看似碗小，实则花枝分量十足

也有饱满肉包可以品尝

下粉少的花枝，透着淡淡鱼鲜

双连花枝焿

临近捷运站 民权西路站
地址 台北市锦西街74号
电话 02-2553-7304
时间 08:00—17:30，周日公休

清甜汤头以十数种食材熬制而成，如此好汤尝来超过瘾

因祸得福的戏码从来不是电影桥段，起码曾经发生在港仔身上。

从不迟到的友人相约说要介绍港仔来吃双连花枝焿，却久候不见踪影，致电亦不接，总不能坐着不点不吃，反正约好是要来吃的，来个先点先吃也不过分。

上桌时，但见碗小花枝分量多，鱼浆薄，下粉少，软绵中透着淡淡鱼鲜，加上花枝给得大方，都是厚厚的一条，满足了爱吃花枝的欲望。至于汤头偏甜，不要以为是味精汤，老饕准能吃出这种甜味来自蔬菜，当中包含萝卜、红萝卜、洋葱和苹果等十数种材料，如此好汤，再佐以店家手工制作的超辣萝卜和乌醋，伴着花枝一同吃进肚中才叫过瘾。

吃饱花枝焿，朋友终于来电兴师问罪，原来忘了带手机的她，赶回家后再到餐厅却没有见到港仔。一问，才知道双连花枝焿有两家，不同老板也有不同口味，因为之前相约没说好，所以摆了大乌龙。如此歪打正着被港仔找到一家好吃的，是福泽，要感恩。

【捷运淡水线民权西路站】

双连古店冬瓜茶

尝尽古早味 冬瓜茶的真功夫

古早味茶品，全凭真材实料真功夫

费时费力的手工古早饮料，小杯只卖二十台币，实在便宜

都是朋友惹的祸，南部捎来一瓶莲藕茶作伴手礼，港仔从此被其清淡幽香迷倒，冰凉汁液滑进喉咙更是赞。害港仔后来走遍台北寻味去，才知晓青草茶店不卖这味已久，即便当今喝到的，都是以莲藕粉加水而成，自然不对味。

幸好还有双连古店冬瓜茶，经营七十年，制作凭良心，不以粉加水而成，也不添加其他配料，每天莲藕以手切，再花二至三小时熬煮成茶，煮出来的茶色泽深润，味道怡人，全凭真材实料真功夫。

同样出色的还有招牌冬瓜茶，把数十斤冬瓜和茅根同时煮十几个小时而成的一杯茶，既解渴，亦能退疹退火。

近年又推出酸梅汤，没有强烈的酸，亦没有势利的甜，味道平衡，黑枣味香，熬煮需要七个小时，喝进口中每口都是精华。

一店三味手工古早饮料，制作花时间亦花精力，只卖二十台币，实在便宜。

“客人都是数十年老街坊，为感谢他们的支持，价钱不能随便加。”老板罗老先生如是说。

人不能忘本，能让港仔尝到莲藕茶，因此知道了双连古店冬瓜茶的好，不再埋怨朋友，只能感激。

双连古店冬瓜茶
临近捷运站 民权西路站
地址 台北市锦西街38巷2号
电话 02-2553-0231
时间 08:30—22:00

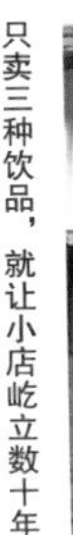
只卖三种饮品，就让小店屹立数十年

【捷运淡水线双连站】

双连鹅家庄

蚬仔、米血、熏鹅肉，鹅家庄三宝

烟熏鹅肉的肉质甜嫩多汁，层次丰富迷人

老板片鹅肉的刀法，一如功夫宗师般精彩

朋友皆知港仔贪恋美食，每回尝到好吃的都会来报告。不知是形容言词浮夸或是港仔期望太大，餐厅对味的很少，失望而回很多，双连鹅家庄是其中的少数例外。

听闻店家从前卖鸭不卖鹅，名字叫作双连鸭家庄，应客人要求改卖鹅肉，于一九九六年间迁移至民生西路，店名更名为双连鹅家庄，年月匆匆至今，老板郑先生亦成八十岁老先生，依然天天亲自煮鹅顾店。

港仔爱看郑老板切鹅，有别于别人的手起刀落，犹如电影《一代宗师》中叶问和宫宝森之战。他的刀法缓慢仔细，神情专注，片出来的鹅肉大小适中，厚薄一致，展现出宝刀未老真功夫。眼睛观赏以后，再用味蕾品尝，鹅肉先借烟熏炭香开路，甜嫩肉质紧接其后，再由皮下的一点脂肪丰富层次，这样的滋味绝对迷人勾魂。也爱他们的蚬仔，不会死咸死甜，蒜头的微呛反而显得味道更是鲜，难得每只都饱满肉厚，再加一份米血糕，成了港仔的鹅家庄三宝。

每只蚬仔都饱满肉厚，味道鲜美

怪不得朋友当年天天如讨债般致电催促到访尝味，别人推荐中总有原因，应该先吃再下评语。如人生，不尝试便说不，若有损失也是自己的损失。这是港仔在鹅家庄美食以外的体会。

双连鹅家庄
临近捷运站 双连站
地址 台北市大同区民生西路205号
电话 02-2557-6709
时间 16:30至次日凌晨00:30，周三公休

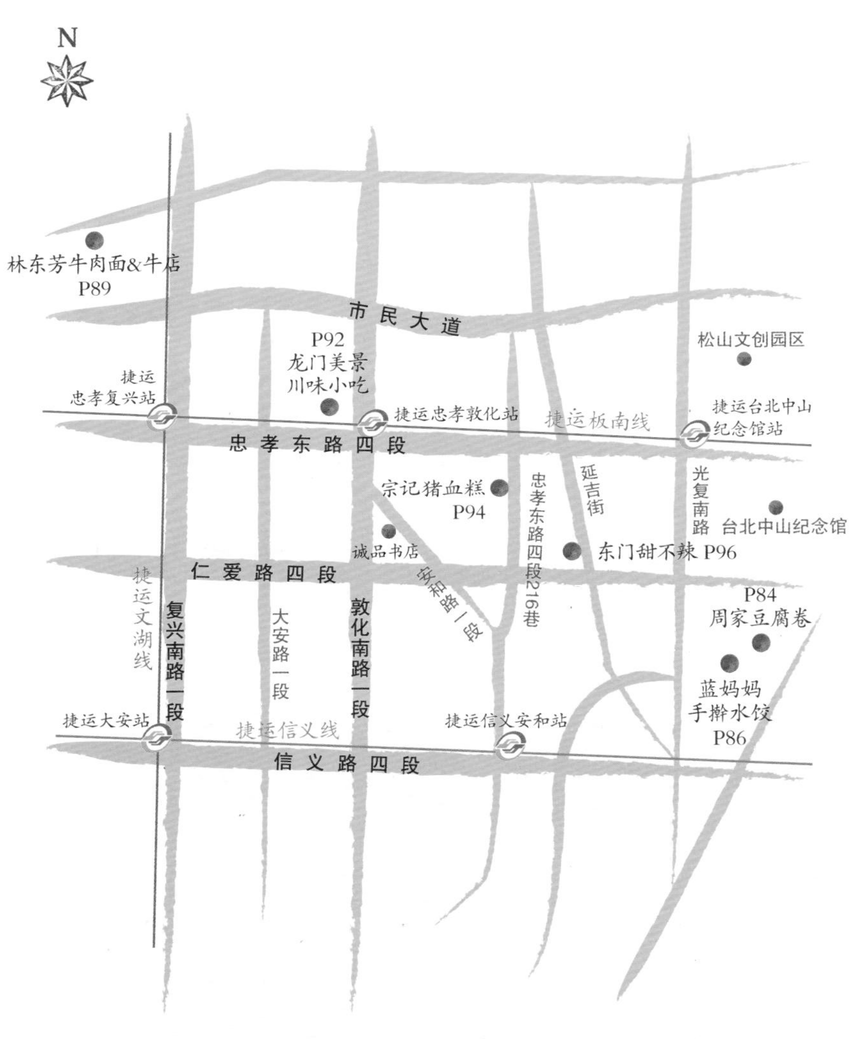
N
林东芳牛肉面&牛店
P89
市民大道
P92
龙门美景
川味小吃
松山文创园区
捷运
忠孝复兴站
捷运忠孝敦化站
捷运板南线
捷运台北中山
纪念馆站
忠孝东路四段
宗记猪血糕
P94
忠孝东路四段216巷
延吉街
光复南路
台北中山纪念馆
诚品书店
东门甜不辣 P96
仁爱路四段
安和路一段
捷运文湖线
复兴南路一段
大安路一段
敦化南路一段
P84
周家豆腐卷
蓝妈妈
手擀水饺
P86
捷运大安站
捷运信义线
捷运信义安和站
信义路四段

第6章 东区美味新版图

【捷运板南线台北中山纪念馆站】

周家豆腐卷

佐配东北性情的清爽豆腐卷

煎锅里的韭菜盒子飘出阵阵香气

饱满的豆腐卷魅力无人能挡

自制馅料口感鲜脆，尝来清爽无负担

来自黑龙江的李姐性格直爽豪迈

周家豆腐卷
临近捷运站 台北中山纪念馆站
地址 台北光复南路419巷104号
电话 02-2772-2729
时间 06:30—12:00

黑龙江李姐拥有东北人的爽朗直率真性情，说话不用三句，话题对了，聊开了，说得开心，便成了朋友。

嫁到台湾十多年，李姐从前在家乡做的是擀面粉卖烧饼的活儿，直到数年前才决定于光复市场那一头开设周家豆腐卷重操故业。菜单上虽然有牛肉卷饼、猪肉卷饼、葱花大饼、韭菜盒子等六七款食品，但大家都是冲着豆腐卷而来。

豆腐卷中包的是板豆腐、冬粉、高丽菜和大白菜，材料寻常，但豆腐在做饼前已花长时间煎煮，所以入口满是煎香豆香，又同时拥有两种蔬菜的鲜脆，配上饼皮用烙的方式煎熟，口味清淡，亦见清爽，自有一种诱人魅力。有时天天吃太多太油腻的食物，港仔会选择以李姐的豆腐卷代饭，既能清除重口味对胃口味蕾带来的美食负担，亦不像其他素菜吃得太清太淡苦了自己。

“当今的豆腐卷和家乡的有分别吗？”问李姐。

“那边的饼皮硬一点，馅料咸一点。”她答。

“哪种比较好吃？”又问。

“我做的，都好吃。”李姐笑着回。

“习惯台湾的生活吗？”再问。

“十多年，当然习惯。”她说。

“回到黑龙江会不习惯吗？”

“当然不会。”

除了豆腐卷以外，就是这样的爽直个性，令港仔喜欢上周家。

蓝妈妈水饺从面皮到内馅，完全手工制作，自己带回家煮也不怕煮坏

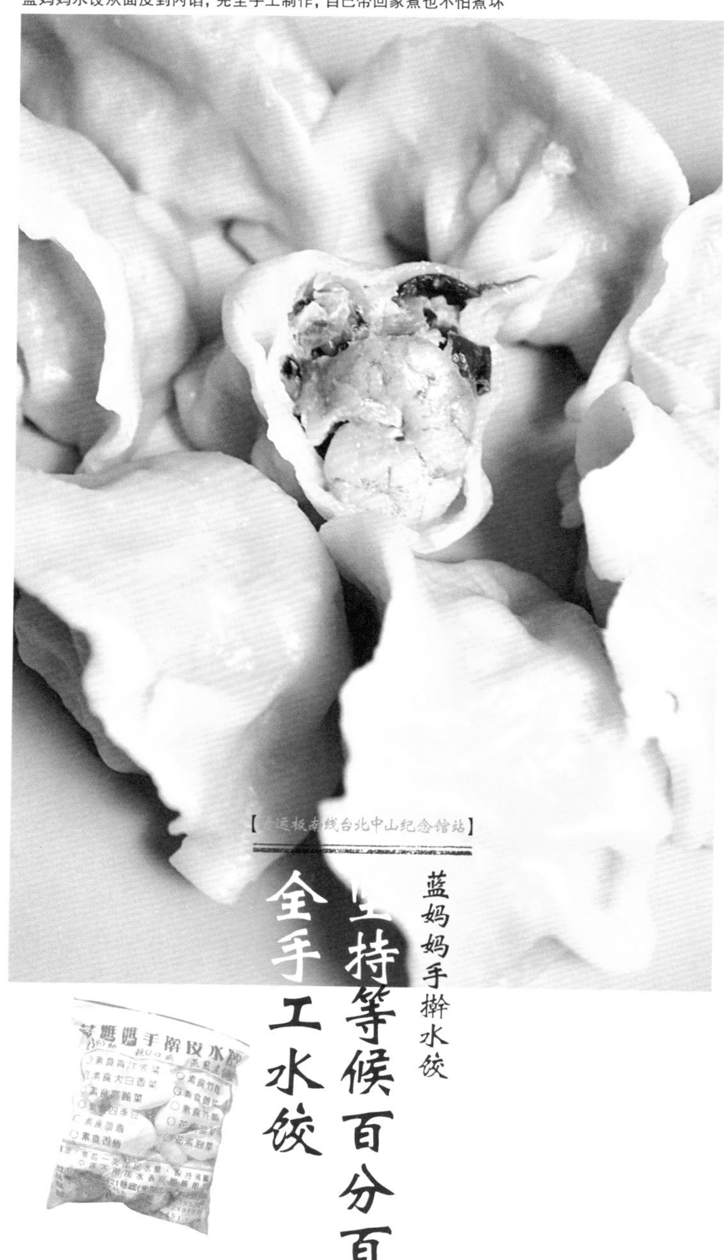

【[illegible]运板南线台北中山纪念馆站】

蓝妈妈手擀水饺

坚持等候百分百 全手工水饺

网络团购从下单到出货，得等三四个月

第一代蓝妈妈每天仍留守店中帮忙包水饺

妈妈之道从来在于以一桌好饭好菜来维系一家人。

知易行难，饭菜固然要美味好吃，还要价钱经济实惠，同时兼顾款式，口味迎合老幼大小，更重要的是制作用心，令家人吃进去满口都是爱。

以母之名贩卖水饺的蓝妈妈何尝不是以此规条包制各式水饺？由从前四四兵工厂眷村摆摊卖面食开始，至转移到当今光复市场内，不仅经历了半个世纪，两代蓝妈妈亦完成了交接，可是制作方法却始终如一，坚持百分百手工化，从揉面、擀面到做馅、包制，完全机器止步。“机器的快捷倒不如人手接触更能了解需要。”蓝妈妈说。尤其在面团制作时，韧性和滋润度非要手触才能感知，即便蔬菜脱水，亦坚持以手挤压来保留适量的菜汁，令馅料香气味道呈现得更立体，也令现今科技新纪元中摒弃科技变得完全合理。

手工制作的缺点在于速度，从前团购下单到出货要等上4个月之久，曾经为了改善而招兵买马，高峰时期员工超过30人，人多难于管理，于是直接影响水饺质量。从此学个乖，理解到做吃的从来没捷径，只有努力才是正道，唯有自己拼一点，手脚速度更快。据说如今速度已有提高。

经历半个世纪，蓝妈妈手擀水饺的手工原则依然不变

摊位在光复市场内

“应该不用等那么久了吧？”问曰。

“嗯，三个月。”她答，说时一脸不好意思。没耐性者如港仔，直接摸上门购买，只要有货，肯定买得到。

也不怕拿着如此珍贵的水饺回家不会煮或是煮坏。

要吃蓝妈妈的水饺很简单，煮时一次加足水量，沸水放入水饺，煮至圆鼓鼓的膨胀起来便能上桌，中间不用再多次加入冷水。煮好的水饺外皮隐约透出内馅的鲜红翠绿，吃进口中除了内馅材料外，还有如北方面条般充满嚼劲和韧度的饺皮，这就是蓝妈妈说的外薄内厚的手工擀皮特色。三十多款馅料中，特别偏好圆白菜的单纯传统，亦爱四季豆的清脆清新，韭黄鲜虾则作待客之用。有时煮多了，弄成煎饺于隔天亦同样美味。

美食赏味有限期，并非季节限定，而是体力不允许，蓝妈妈坚持手工包饺包出一身病来，早前甲状腺出问题已是警报，更害怕肌肉筋骨等劳损，故定有五年后退隐江湖的打算，要吃要尽快。

不过蓝妈妈从来以母之道待客，五年后是否真心舍得退下来真是天晓得了。

蓝妈妈手擀水饺

临近捷运站 台北中山纪念馆站
地址 台北市信义区光复南路421巷底（光复市场42摊位）
电话 02-2711-4451、0921-958-543
时间 07:00—19:00，周一公休
网站 www.tp27224451.com

林东芳牛肉面的好，那一匙辣牛油功不可没

【捷运板南线忠孝复兴站&西门站】

加对魔法酱料，牛肉面好吃升级

林东芳牛肉面&牛店

牛店的牛肉面专用辣酱

想吃牛肉干拌面，就要选择牛店

林东芳牛肉面的各式小菜

林东芳牛肉面一整锅香喷喷的牛肉

当今流行以性价比值评美食，港仔背道而驰推荐林东芳牛肉面和牛店两家牛肉面馆，则其性价比肯定不及格。

不要以为港仔爱林东芳牛肉面的名气大，实情是它让我们重拾牛肉面之欢。

来台之始吃尽大小不同、价格不一的牛肉面，味道大多如鸡肋，令人怀念儿时外婆旅游带回来的一包牛肉泡面。看着外婆把泡面煮好，除了面条和香港泡面略有不同，但觉稀松平常，直到外婆把一包已凝固的辣牛油加入热汤内，产生出的牛肉面香飘荡一室，才明白它的好，当下和姐姐争先恐后地把面条连热汤瓜分吃进肚中胃里。

如此美食魔法在林东芳牛肉面再度重现。他们的牛肉面早已闻名，人人赞颂，首尝之时只觉名大于实，二度光顾于朋友提醒下才猛然醒悟，第一次竟然忘了加入桌上的辣牛油，牛油溶化于热汤的当儿和面条混合后，散发出的面香和小时候吃到的牛肉泡面如出一辙。香气对了，于是汤头亦对味，面也变得好吃，配上牛腱肉的软嫩，这碗面，绝对高水平，至今仍是港仔补充体力的选择之一。

林东芳牛肉面吃多了，开始觉得牛肉面口味浓重实在要搭配宽面条，才吃

布置古朴的牛店总是坐满老饕

小菜专用的特制辣椒酱

林东芳牛肉面
临近捷运站 忠孝复兴站
地址 台北市八德路二段274号
电话 02-2752-2556
时间 11:00起，周日公休
脸书 林东芳牛肉面

牛店
临近捷运站 西门站
地址 台北市万华区昆明街91号
电话 02-2389-5577
时间 11:30—14:00、17:00—21:30，周一公休

得豪气过瘾，四处寻访合意的最后摸到牛店来。

牛店刚开业时面条不仅可以选择软硬，亦有宽细之分，最爱五分硬宽面配上清爽不油腻的清炖牛肉汤，加入不输林东芳牛肉面的辣牛油，然后开怀地大口吃面，大啖牛肉。好景不长，在牛店成名后，同样的好汤好肉换成拉面搭配，宽面从此绝迹于菜单中。新的面条虽然能选择硬度且同样弹性不错，但始终性质不同，过瘾程度大减，即便多加辣牛油仍非港仔所爱。后来经服务生推荐，吃了一次牛肉椒麻干捞面，立马折服，厉害之处在于加入了碎牛肉，令拌好的面条每口都能尝到肉的美味，椒麻酱的香麻辣和面条的弹性配合度亦高，此时洋葱、青葱在作装饰外发挥了清甜清新的解腻作用，再次被牛店的美味征服。

从此，要吃牛肉汤面会选择林东芳牛肉面，想吃牛肉干拌面则会到牛店来。

【捷运板南线忠孝复兴站】

龙门美景川味小吃

严格要求出来的微妙美味

简单的小摊里，蕴藏严格修炼出来的美味

红油抄手是这里的招牌，花椒运用拿捏得当

公告

本店只有一個鍋子在煮
煮抄手全部煮抄手
煮麵全部煮麵
傳統煮麵請勿催促
不便之處敬請見諒

店中公告，期待客人能耐心等候

煮面的时间全凭多年经验累积

简单的担担面，面条尝来仍充满弹性

都说不打不骂不成材，当年看到龙门美景川味小吃老板只因一点小错在店中对帮忙的儿子大发脾气，或会觉得太过分，可是修炼途上肯定要吃点苦头才能修成正果，不是吗？

吃过龙门美景川味小吃的都知道他们的食物讲究口味平衡。招牌红油抄手小小一颗却学问大，即便黑毛猪肉内馅只是薄薄一层涂在面皮上，两者配合既有互相辅助亦有互相衬托的优点，既能吃出内馅肉鲜，又能尝得馄饨皮弹牙，拌吃的辣油同样有其平衡之道，要辣得恰到好处，温度要拿捏准确才会微辣带香，花椒的运用不能抢风头亦不能太少。即便寻常如担担面，煮面时间的长短，再以怎样口味的酱汁来突显其弹性都是学问和经验。

或许会说如此微妙的口味变化并非每位客人都能分辨，但我偏偏吃过老板娘妹妹的店，同样以美景川味为名，同样由老板亲自教授，味道没有不好，就是差了那么一点点。从此更明白老板对儿子严厉的用心良苦，没有当时的责备督促，哪有当今看到儿子在厨房帮忙服务客人的得心应手？

龙门美景川味小吃
临近捷运站 忠孝复兴站
地址 台北市忠孝东路四段97号顶好名店城B1
电话 02-2781-9004
时间 11:00—21:00，周日、周一公休

【捷运板南线忠孝敦化站】

宗记猪血糕 以中药材熬制的猪血糕酱汁

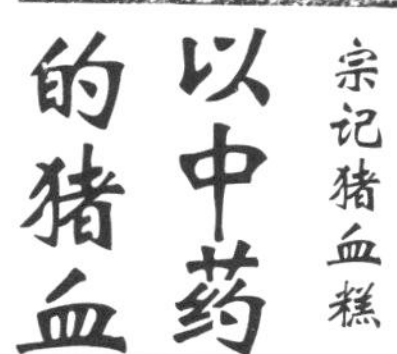

依循古法蒸制的宗记猪血糕使用多种中药材，味浓甘醇

要为宗记猪血糕的刘爷爷撰文澄清。

刘爷爷在216巷卖猪血糕20多年，依循古方的手工制作至今未变，蒸出来的血糕不仅没有硷水臭，微甜微弹之间还隐隐透出一点香。酱汁也厉害，使用多种中药材却不见辛辣，味浓甘醇，配上花生粉和香菜完全靠谱完全搭，建议一定要加点辣椒酱，微辣更有提味作用，令宗记的猪血糕更有层次的呈现。

不仅制作依旧，口味不变，开摊时间亦有定时。刘爷爷每天下午4点左右准会推着一车猪血糕现身于固定摆摊地点，就在忠孝东路四段216巷22号旁边。未至于风雨不改，但只要不是台风天和身体抱恙，又或是碰上星期日的公休日，

蒸出来的猪血糕不仅没有硷水臭，还透出隐隐的中药香

一定要加酱汁，有提味作用

配上花生粉与香菜，完全对味

宗记猪血糕
临近捷运站 忠孝敦化站
地址 台北市忠孝东路四段216巷22号旁
时间 16:00开始营业直到卖完为止，周日公休

宗记猪血糕每周日公休，此外每天下午4点后就能看到刘爷爷现身摆摊

按时摸到上址来，肯定见到刘爷爷的摊，网上却盛传宗记猪血糕神龙见首不见尾，摆摊时间不一定，想吃要看缘分靠天意，把刘爷爷说得像奇人异士般传奇。

连来自外地的港仔要吃都能买到，此次澄清后，读者仍是每次扑空买不到吃不了，只能叹句时运不济。

东门甜不辣早前因为租金被加50%而消失了1年多，幸好终于另觅新址再次重现东区

【捷运板南线台北中山纪念馆站】

东门甜不辣

甜不辣中的鱼香好滋味

东门甜不辣

临近捷运站 台北中山纪念馆站
地址 台北市仁爱路四段345巷5弄17号
电话 02-2721-6138
时间 11:00—21:30，周日公休

港仔从前不懂甜不辣，会联想到炸虾炸蔬菜的日本tempura（天妇罗），加上去错店，吃到不好吃的，喜欢谈不上，直到吃过东门甜不辣为港仔上了一节美食课后才真正开窍。

东门甜不辣的厉害之处在于忠于传统，一直以数种鱼混合打成鱼浆炸成甜不辣，令他们的出品在弹性中又隐藏了一点鱼肉的柔软，绝非以粉制造的死实口感可比。又以鱼浆加入菜和肉作为内馅，做成炸馄饨和鸡卷，配合的油豆腐、猪血糕、萝卜和贡丸这些平民食品亦有水平，令小碗中隐藏大美味。

港仔最爱加上他们的辣椒酱拌着吃，一碗过后，再以大骨和鸡骨熬煮而成的热汤和着剩下的酱汁一起喝到肚中，冷天时敢情好，热天喝出一身汗来又何妨？

因为爱上，想要了解更多吃进口中的美味，典籍翻查后发现，原来鱼浆炸物在日本关西地区同样被称为tempura，是台湾甜不辣的出处，从此增长知识。想不到为美食的一次寻根究底，却从此增广见闻，是美味以外的另一收获。

淋上特制独门的甜辣酱，为整碗美味画龙点睛

桂圆糯米粥也是很受推崇的甜品

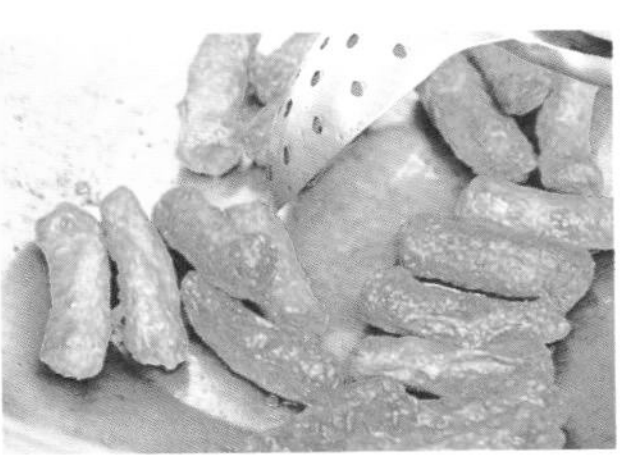
以鱼浆炸成甜不辣，弹性的口感中多了一点鱼肉的柔软和鲜味

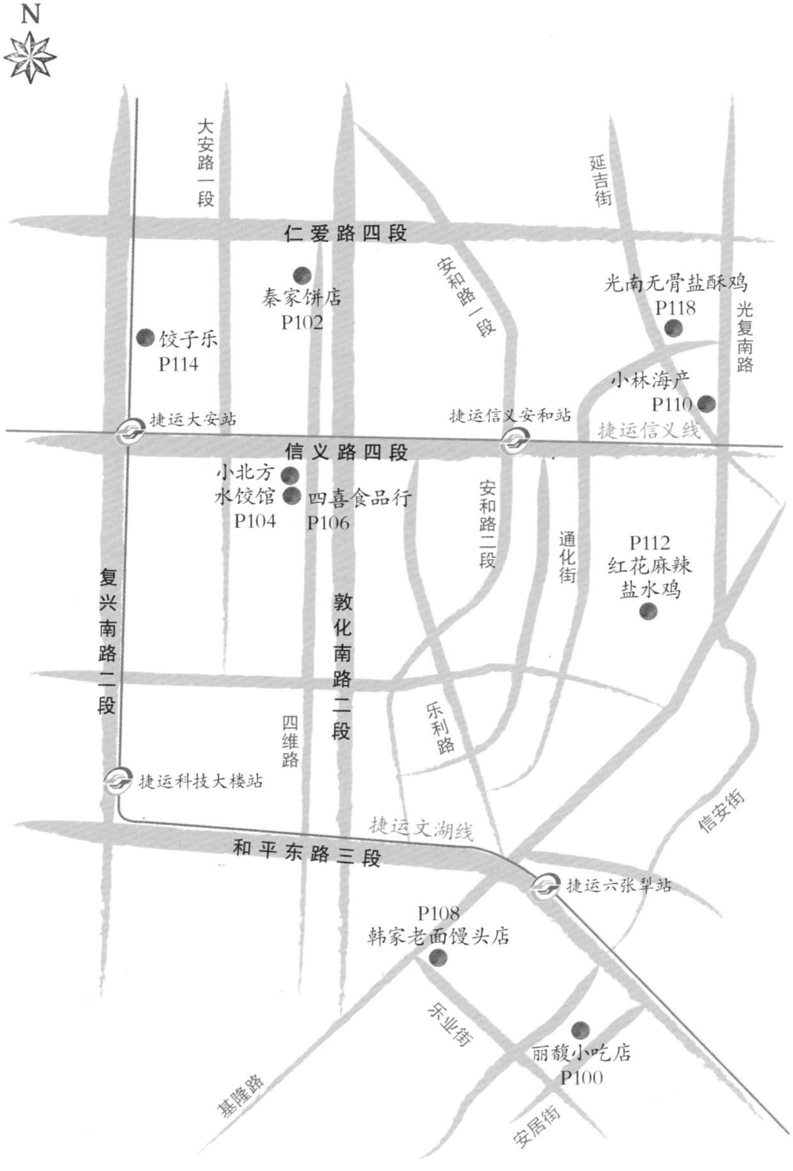

大安路一段

延吉街

仁爱路四段

安和路一段

秦家饼店
P102

光南无骨盐酥鸡
P118

光复南路

饺子乐
P114

小林海产
P110

捷运大安站

捷运信义安和站

捷运信义线

信义路四段

小北方水饺馆
P104

四喜食品行
P106

安和路二段

通化街

P112
红花麻辣盐水鸡

复兴南路二段

敦化南路二段

四维路

乐利路

捷运科技大楼站

信安街

捷运文湖线

和平东路三段

捷运六张犁站

P108
韩家老面馒头店

乐业街

丽馥小吃店
P100

基隆路

安居街

第7章 市井小吃立足大安区

各式卤味滋味甘醇不掺味精，老板自己亦每天吃

【捷运文湖线六张犁站】

丽馥小吃店

纱网橱柜里的家庭美味

店家自制的辣酱

古早纱网橱柜，包含着夜归回家的记忆

酱料带点微甜的炸酱面

亲切的老板夫妇

丽馥小吃店
临近捷运站 六张犁站
地址 台北市大安区安居街34巷8号1楼
电话 02-2733-6397
时间 11:00—14:30、17:00—21:00，周日公休

有半个世纪历史的丽馥小吃店的古朴除了来自墙上纸皮和窗户营造的气氛外，大门左边的古老绿色纱网橱柜何尝不是催化剂？即便港仔没有台湾回忆，但当年香港厨房亦使用同样的柜子，要留饭留菜给夜归人，都会放置于纱网柜中，来防蝇防虫，如今丽馥小吃店以之作碗盘收纳，食物则置于下层开放部分，全为店家自制卤味，是饕客的大爱。

爱，总有原因。喜其卤汁味甘醇，不似外面的过浓过咸，口味太重，吃完舌涩喉干不舒服，味道单纯中更能尝得食材本身的滋味，在不带味精的情况下，完全可以开怀大吃。卤味的选择多，老板说豆皮是直接买来豆浆皮衣自己下油锅炸成，小菜如海带亦是几经挑选的好材料，港仔则觉得牛肚好吃，牛腱肉软绵，猪耳朵亦脆，牛肠子同样卤得入味，拌以店家自制辣酱，越辣越香，越香越好吃。港仔有时爱多点一份牛蛋汤，鸡蛋混入牛肉汤中好吃好喝，配以香菜的香气作点缀，是一道简单极致的好汤。

有时光顾，碰巧老板夫妇用餐中，吃的仍是自己店中的面啊汤啊卤味什么的，好奇一问，老板回曰：“天天吃，才能保持水平。”老店对质量的坚持，何尝不是吸引人一再光临的原因？

加进饼里的葱非宜兰三星葱不用

【捷运信义线大安站】

秦家饼店
立足台湾30载的东北饼食

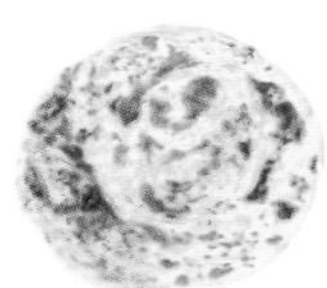

干烙烤熟的葱油饼，越嚼越香

秦奶奶将东北的美味带到台湾

秦家饼店

临近捷运站 大安站
地址 台北市四维路6巷12号
电话 02-2705-7255
时间 10:00—20:00，周日公休
网站 www.27057255.com.tw/content

秦家饼店的秦奶奶一家曾在东北卖葱油饼、韭菜盒子，后辗转到台湾再度以传统方式制作家乡饼食。

台湾生活30载，从小摊到开店，不管怎样守着传统，社会步伐一直往前，食材运用上只有精益求精。当时随便简单一把青葱，今天非宜兰三星葱不用，即便韭菜盒子仍是以韭菜、蛋皮、虾皮、粉丝作内馅，却加入了上好质量的花生油、麻油增加香气，处处都和当年有一点出入。倒是面团制作仍是以冷水和面，干烙烤熟，令饼皮充满弹性，越嚼越香，如此简单的滋味和从前完全无两样。

全因秦奶奶对手艺的坚持，这美妙的传统口味才没有被湮没于人世间，即便没有真的绝迹于江湖，但是会做会烧的人肯定不如从前多，特别是在台湾，懂得的应该没有几人，如今她亦把做饼功艺传到儿女手上去。

“都是做饼，从前为活命，今天为传承。”秦奶奶以她的东北方言笑着说。

韭菜盒子内馅比起往日稍有调整，但饼皮同样充满弹性

包入虾仁的红油抄手，红油香又辣，滋味十分精彩

小北方水饺馆
红油抄手中毒者

这里是24小时营业

电视上浩角翔起跑去小北方水饺馆，阿翔吃过他们的红油抄手后也喜欢上了，中毒了，如港仔。

阿翔边吃边介绍，店家自己做的抄手皮薄滑溜，肉鲜，自制的红油香又辣，说辣，程度其实一般，味道却渗透到抄手中，带来美味。

港仔则要补充说明，内馅还包入虾仁，让海鲜的甜和虾肉的爽脆把红油独特的重口味化解，滋味变得既重且轻，十分精彩。

又爱搭配双酱面组成一套。双酱者，炸酱混芝麻酱，两种口味，结合在一起反而更顺口，和店家的自制面条和黄瓜丝一起吃，不同弹性脆度同时呈现于口中，让人一吃难忘。

两位主持人又介绍了小北方水饺馆的自制卤味和云吞捞面，浩子形容前者有小时候彰化的味道，后者则完全让他找回澳门旅游时吃到的好滋味。

看着屏幕中的二人吃得开怀，懂得分析，介绍有见地，搞怪又不失数据性，所以爱看他们的节目。哪像有些香港艺人只会依稿直说，吃又浅尝即止，主持没灵魂，观众当然看得不过瘾，实在应该向浩角翔起好好学习。

卤菜的种类丰富，全由店家亲自卤制

双酱面与黄瓜丝一起吃，相当顺口

小北方水饺馆

临近捷运站 大安站
地址 台北市信义路四段60-40号1楼
电话 02-2707-5024
时间 24小时营业

【捷运信义线大安站】

四喜食品行
饱含油脂清香的湖州肉粽

鲜肉蛋黄粽是最爱，饱含着肉香和叶子清香

以食结缘总有奇妙处，明明前一刻在小北方水饺馆边大啖红油抄手，边听后面大妈说买得美味肉粽的事情，下一刻就为了买粽子而摸到四喜食品行来。

四喜食品行只贩卖自家包裹蒸制的湖州肉粽。一如所有湖州制作，先把猪肉以酱油、生姜、米酒、糖腌渍两小时，再把糯米拌入腌肉卤汁，增其色给其味，包裹好后，再经水煮6小时而成。最爱鲜肉蛋黄粽，圆糯米经水煮至软绵之中带嚼劲，米饭中饱含梅花肉的油脂和肉汁，又有叶子的清香和新鲜鸭蛋黄的微香，如此味道，正是湖州肉粽销魂处。

能得如此好成绩，全仗来自江苏的开山师祖张爷爷，曾任大使馆主厨的他包粽子尤其厉害，此门好手艺传承至今已到第3代张先生，尽管为了配合当今大众吃得清吃得淡的要求而略微调整口味，但是制作上的每一个步骤仍依照古训，绝不含糊。为此张先生不惜一天工作12小时，每周只休息1天，年过30，女朋友欠缺，尚未娶妻，只为把张家的口味稳住，把祖业守好。

“婚事，不急吗？”问他。

“缘分，急不来。”他红着脸笑着说。

缘分，如食缘，自有奇妙处，前一刻说急不来，下一刻或许已在转角处给你撞个正着，祝福。

只贩卖自家包裹蒸制的湖州粽

这里的湖州粽已传至第3代

四喜食品行
临近捷运站 大安站
地址 台北市大安区信义路四段60-46号2楼（信维市场内）
电话 02-2707-2530
时间 09:00—21:00
网站 www.fourhappy.com.tw

越放越弹的紫米粽，每每一推出便立即被抢光

三角豆沙包是这里的特色美食

韩家老面馒头店
一试成主顾的流沙豆沙包

葱咸花卷，口感扎实香弹

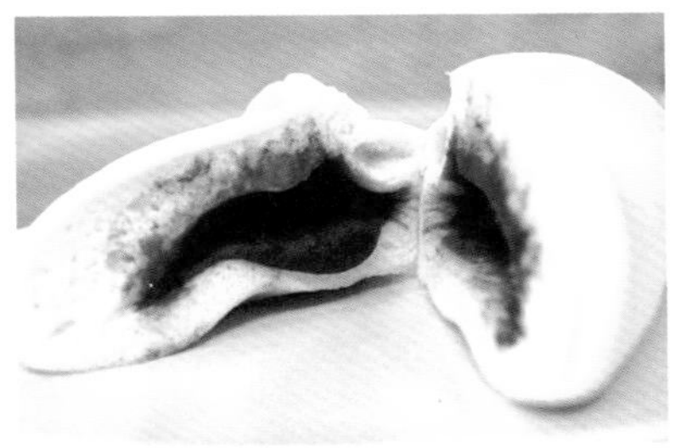
缓缓流动的豆沙，姿态动人

韩家老面馒头店
临近捷运站 六张犁站
地址 台北市大安区乐业街61号
电话 02-2736-7866
时间 12:00—21:00
脸书 韩家老面馒头

从来八卦于港仔都是美事一桩，起码从此认识了韩家老面馒头店之流沙豆沙包的滋味无穷，便不枉八卦一场。

当时不管晴天雨天白天还是晚上都见人龙于韩家大门延至隔壁店前去，好事之徒如港仔者自然不甘人后，排队等个15分钟，最后把5种口味都买来吃一遍，全麦馒头、葱咸花卷、红糖馒头和白馒头各有优点。因以老面制作，独有的天然面香与甘甜在咀嚼中渐次释放是特色，虽然好，但因老面扎实，吃一个饱足一天，有违港仔吃精吃巧的宗旨。倒是三角豆沙包迷人，与其说外形三角的可爱，港仔更觉得温热时一口咬下的豆沙如液态流沙更是动人，微甜的口味配上老面的实在，带出一个匹配的化学作用，一吃成粉丝。

后来得知韩家老面馒头店是金山南路“不一样馒头店”的分支，老板韩先生说因为怀念爷爷从前制作的豆沙包，自立门户后再次把这一道美食带到店中来，为方便才制成的三角形态，殊不知成了特色。

至于韩先生脱离家族另起炉灶的故事请恕在下没有深究，八卦要靠谱，此等家事私事，问不得也。

店门口总能见人龙，一时好奇加入排队，终于捕获一好店

简单如肉丝、酱油炒饭，最能见功夫

【捷运信义线信义安和站】

小林海产
热炒店的第一选择

随手拈来都是好菜式

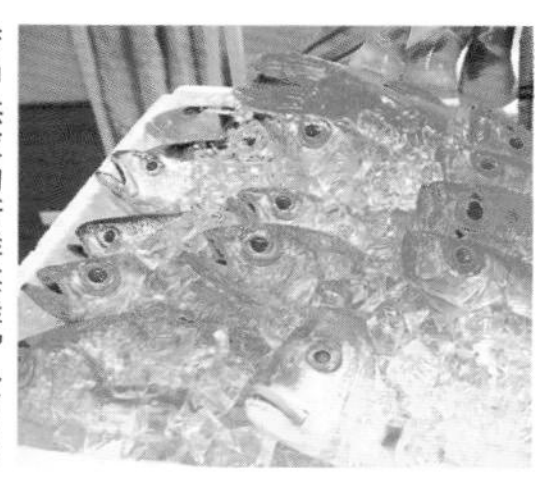

店中供应的新鲜海鲜，全由当今老板小小林每天打烊后冒夜往基隆购入

说是海产店，他们的牛小排却同样出色，是店中名物

到热炒店必点麻油腰花鸡佛

小林海产
临近捷运站 信义安和站
地址 台北市大安区光复南路574-1号
电话 02-2325-4930
时间 17:00至次日凌晨01:00

在香港有一种称为"饭店"的餐厅，供应各式热炒地道港式好菜，因为便宜好吃，是一家人晚餐的好地方，也因为随便随性，成为朋友间喝小酒的好选择。等同台湾的热炒店，吃热炒，各位台湾朋友们应该各有推荐，港仔则喜欢小林海产，即便店家经过了三次迁移，港仔也是亦步亦趋紧跟其脚步，甚至老板由小林交棒到儿子小小林手上，仍然忠心不二，原因简单不用多说，当然是为了好味道。

花生龙珠、姜烧小卷、烤牛小排、炸花枝丸，随手拈来已经一堆小林海产的好菜式。每每在众多美味中难以抉择时，第一时间会先点一份臭豆腐，喜欢其臭得分明，也爱汤汁辣得舒服又不会霸气得盖过其他味道，豆腐吸满红通通的汁液后，更是越吃越香。

另一个必吃食物是炒饭，简单只以酱油炒的米饭粒粒分明，油光亮亮却又清爽不油腻，想要味道上更有层次，来个辣炒饭吧，你会喜欢的，起码每次带香港来的朋友去吃都吃得开心称心。

【捷运信义线信义安和站】

红花麻辣盐水鸡

做盐水鸡配菜也要诚意十足

蔬菜也要下过功夫处理，才能维持清绿爽脆

小摊上有数十种不同的丰富小菜

认真工作的小老板

美食除了口味口感作评比标准，亦有加分项目，切入点很多，红花麻辣盐水鸡肯定来自其制作过程的绝对诚意。

置于小摊上的数十种不同食物，除了3款鸡肉非自家制作，其余的汆烫加工都由店家亲自负责。

单是豆类食品的卤汁和卤的方式便各有不同，这边用素蚝油、冰糖、八角和卤水包煮豆干，那边的豆皮又要在卤的过程中不断挤压才能入味，如此多重功夫，难怪都是客人的最爱，成了招牌。

简单如蔬菜，以为随便汆烫便完事，实情是煮到刚熟便要捞起来泡在流动冷开水中，才能令其清绿爽脆，如此制作仔细谨慎，焉能不加分？

港仔又爱红花的调味清爽舒服，只加入适量的特调胡椒和鸡高汤熬煮而成的咸水，既为食物加添美味，又不会盖过本身的甜鲜清香，爱辣的，放点自制的辣椒酱更是赞。

因为好吃，港仔时常光顾，买多了吃多了和老板见多了自然会聊一下，才知道作为第2代的林先生行年只有24，好奇于年轻小伙子竟然愿意来夜市开摊。

“不帮忙不成，不然只有妈妈一人（第一代老板）。”他边干活边回答。

“晚上不会想去玩吗？”

“习惯了，只有妈妈一人可不行。”他再回答。

如此乖巧孝顺的小老板，令人在诚意制作和美味以外，对于红花的好感度又提升，再添一分。

诚意处理的食材，品尝起来更美味

红花麻辣盐水鸡

临近捷运站 信义安和站

地址 台北市通化街临江夜市入口（通化街段）

电话 0925-986-511

时间 18:00至次日凌晨01:00，不定期公休，公休日在小摊挂牌宣布

【捷运信义线大安站】

饺子乐

拥有法式情怀的市井小吃

海老鲜肉煎饺，是港仔爱上饺子乐的主因

架上有许多丰富小菜可以任选

饱满扎实的水饺十分出色

饺子乐打着东湖王家水饺馆的旗号，坐落于大安区东丰街上。

港仔从未光顾亦未曾尝过东湖王家饺子的威力，能以之作卖点，说明两家店的水饺肯定出色。

饺子分干湿两项。前者为汤饺，港仔不习惯台式汤饺以太多材料煮成汤，往往出现抢味的情况，一向少吃，不管是红烧牛肉饺还是番茄蛋花汤饺都未能令港仔动心。蒸饺部分有韭菜鲜肉饺、高丽菜饺和三鲜香味鲜肉饺可供选择，却非吸引港仔一来再来的原因。

答案揭晓，爱上饺子乐只为一道海老鲜肉煎饺，以原只虾仁和绞肉作馅料，扎实清脆中带肉汁，加上饺皮煎得上软下酥，口味口感同时兼顾。煎饺本就个头大，店家还下面粉水同煎，令饺子连在一起，煎出仿如雪花黄金脆皮来，光是卖相，已是一场飨宴。

有一阵子，因为人手短缺，煎饺暂停供应，幸好经过招兵买马后重新推出，不然从此吃不了尝不到，失落的肯定不止港仔一人。

精心装潢的店面不像水饺店，反而像咖啡馆

风格典雅的调味瓶罐

饺子乐
临近捷运站 大安站
地址 台北市大安区复兴南路一段263号1楼
电话 02-2700-0632
时间 11:30—21:00，周日公休
网页 www.facebook.com/wangsdumpling

老外省炸酱面是面点中的首选，人工面条的弹性十足，炸酱味道浓重，搅拌之后配黄瓜丝口味刚好。因为有推出外卖包，早前港仔曾于香港公司分送同事外卖包当作伴手礼，当天午餐围在公司小厨房大家齐煮面同吃面实在盛况空前。

饺子乐的好，还包括其破格的时尚装潢，西化中见简约，大木桌的法式情怀，放上中式酱料调味瓶瓶罐罐，感觉很好。或会觉得装潢费用已转嫁到价钱上，难怪比其他饺子店稍贵。港仔却认为，吃，不仅在于味觉品尝，环境配合亦能提高享受层次。如香港的茶餐厅从来地道市井，却于近年走出了一条时尚高贵之路，餐厅不仅以设计抢眼球，同样的食物，以不同的摆盘方式和视觉呈现，为食物平添不少分数，从此吸纳更多不同层面的客人，令茶餐厅可能性更多。

同样的经营方式放诸台湾美食世界中，或许是传统美食的另一出路也未可知。当然仍有人不愿意只因装潢气氛改变多花钱来享用同样的美食，反之亦然，所以饺子乐门外等待的客人天天大排长龙，只要是好，仍是会有惜花者，你不爱，只能说，饺子乐不适合你。

大木桌上的炸酱面，竟时尚了起来

【捷运信义线信义安和站】

光南无骨盐酥鸡

盐酥鸡制胜关键在蒜头

以蒜头来调味，让盐酥鸡有着画龙点睛的香

光南无骨盐酥鸡

临近捷运站 信义安和站
地址 台北市光复南路456巷18号
电话 02-2703-7158
时间 18:30至次日00:30，每月第二个及第四个周日公休

香港人爱台湾，因为爱，所以挂念，遂以吃来一解相思情，令台式美食于香港很流行。众多台式小吃中港仔朋友们最爱盐酥鸡，可惜香港的选择远不如台湾小摊多，只有简单的鸡块和鸡排，吃着单调，口味上亦有不及，误以为在炸好的鸡块上洒上椒盐便完成，实际五香粉加盐巴才是调味的王道，味道上稍微不同，思念的心情直接被影响，于是吃盐酥鸡成游台港人的指定动作之一。

本以为在发源地定能吃得称心，实情是台湾的盐酥鸡同样有陷阱，单是一个千年油问题已让人担心，又有一些店家大洒味粉以求掩饰食材的不新鲜，令本已不健康的油炸食物更不健康。

既然不健康，起码要好吃。港仔爱光顾光南无骨盐酥鸡，鸡肉、花枝都好吃，特别是加入蒜头更是有画龙点睛的香。也有一摊在五分埔同样以蒜头作招徕，可是味道水平就是有差别，可见制胜关键虽在蒜头，但是没有油炸技巧、火候控制和调味不得宜，不管下多少蒜头也枉然。

光南无骨盐酥鸡就是这个好，港仔吃过后，惠之所及，所有一众香港好友到台北旅游都曾被带来品尝过，都成粉丝成了迷，本是凭借美食想台湾，殊不知连盐酥鸡都变成思念名单中的一项，埋怨港仔之余，只好再次盘算尽快启程再到台湾来。

如果分食的人够多，摊子上的每个食材都点上一轮吧

光南无骨盐酥鸡的火候控制和调味皆得宜，让盐酥鸡更香更好吃

往淡水
往郭台铭臭豆腐
P156（士林站）
阿娥老牌传统豆花 P132
台北松山机场
←往新庄、芦洲
民权西路站
中山小学站
行天宫
松山机场站
民权东路
承德路
中山北路
行天宫站
新生高架道路
中山中学站
双连站
捷运新芦线
松江路
建国高架道路
民生东路
光复北路
重庆南路
上海小笼包
P140
中山站
捷运松山线
南京复兴站
台北小巨蛋站
松江南京站
有有有面担
P150
复兴南路
敦化北路
南京东路
北门站
梁记嘉义
鸡肉饭 P124
台北小巨蛋
四乡五岛
马祖面食馆
P126
八德路
台北火车站
台北车站
华山文化创意园区
市民高架道路
善导寺站
忠孝新生站
城中老牌牛肉
拉面大王
P137
西门站
台大医院站
阜杭豆浆
P144
忠孝东路
忠孝复兴站
往永宁
金山南路
捷运文湖线
仁爱路
小南门站
信义路
中正纪念堂站
东门站
大安森林公园站
大安站
捷运信义线
信义安和站
大安森林公园
古亭站
往南势角
往独特花生汤
P142（万隆站）
往老家馅饼
P146（景美站）
往老孙凉面
P148（七张站）
科技大楼站
往动物园

第8章 跨越距离的思念滋味

【捷运板南线永春站】

施家麻油腰花

内脏大挑战，麻油腰花胜

店家推荐客人腰花先由薄的开始吃，才能尝出最鲜嫩最爽脆的口感

这里的腰花现切现煮，难怪新鲜

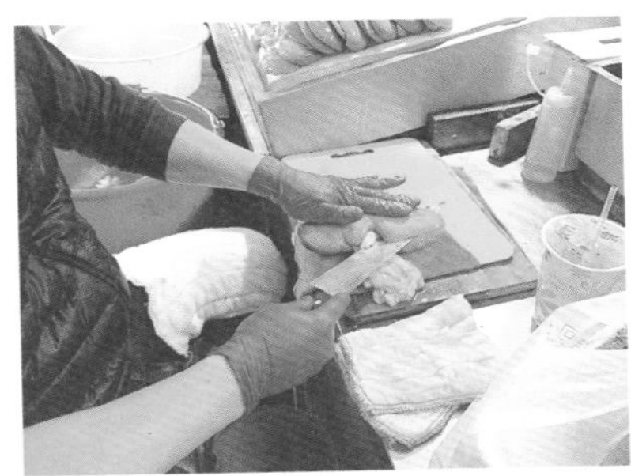

腰花烹煮极具水平，不见腥臭，亦不会过熟

不太吃内脏的港仔来到台湾竟然来了个大解放。先是爱上林森北路梅子餐厅的煎猪肝，不腥不沙爽脆好味，隔月光顾乐此不疲。

案例2发生于冬天太冷时，决定到施家麻油腰花吃碗麻油鸡来补身暖胃。

施家麻油腰花的麻油系列名气响亮半个世纪，以麻油炒姜，以大骨熬煮好汤头，香气迫人；众多食材中，尤以腰花最受赞颂。猪腰非港仔所好，嫌它太腥燥，每到进补时节，一般来碗麻油鸡已然满足。可是当天看到店中食客各自一碗麻油腰花吃得香喝得甜，心血来潮叫来一碗。

面对腰花，心里仍是纠结挣扎，最终鼓起勇气，先把猪腰蘸满酱油，期望以浓厚调味盖过腥臭，怎料在微辣的酱汁之下呈现出的竟然是猪腰的爽脆，内脏的鲜甜同时绽放舌尖。有了经验，第2块则以汤头配合，猪腰的鲜脆和麻油的香醇起了调和作用，是另一种过瘾。

以为对猪腰从此免疫，吃过其他店后才发现水平参差，不是猪腰煮过头，便是仍然带有恼人微臭，从此决定吃麻油腰花非到这里来不可。

至于内脏大挑战在未来是否仍有案例3？难说，但肯定不会是鸡子。

施家麻油腰花
临近捷运站 永春站
地址 台北市信义区松山路540巷538号之2
电话 02-2728-5112
时间 11:00—23:30

施家麻油腰花的麻油系列中，以麻油腰花最为人称道

蛋液混合掺入鸡油的米饭，让人越吃越爱

【捷运新芦线松江南京站】

梁记嘉义鸡肉饭

鸡油加蛋液的极致美味

撕开片片鸡肉丝，加到米饭上，就是美妙好滋味

梁记嘉义鸡肉饭

临近捷运站 松江南京站

地址 台北市中山区松江路90巷19号

电话 02-2563-8356

时间 10:00—20:30，周日公休

苦瓜排骨汤，清新回甘

加点卤汁，是卤肉饭与鸡肉饭的双并吃法

可以点选配菜

香港人对台湾鸡肉饭远不如对卤肉饭了解熟悉，或许是上水平的鸡肉饭难得，不如卤肉饭般简单，跑到胡须张都能吃得好滋味，即便港仔在台北生活多年后，也是这几年吃过梁记嘉义鸡肉饭才明白鸡肉饭真的好。

现任老板说好吃源自每天用作汆烫新鲜放生鸡的大骨汤，熬煮十多小时后成了卤汁，以此精华淋于米饭中，甘醇够味肯定好吃。港仔则认为鸡油发挥的美味效果同样功不可没，既能添香，配合卤汁，又能提味，加上手工撕开的鸡肉和粒粒分明的米饭，叫人越吃越爱。更上一层楼的吃法有说是加入卤肉饭或鱼肉成为双并，港仔的意见是简单点来一份半熟荷包蛋，把蛋液混合卤汁米饭同时吃进肚中，那种匹配与调和带来了极致的过瘾于口腔中味蕾上，肯定比不同食材味道于舌头上乱窜更胜一筹。

梁记嘉义鸡肉饭打开了港仔的新食界，故于网上查鸡肉饭的历史背景，有说此饭的材料一直是火鸡，亦有说本为一般土鸡肉，因成本问题，才改以火鸡代之。

【捷运文湖线南京复兴站】

黑心麻酱面，一吃就上瘾

四乡五岛马祖面食馆

加进黑芝麻的黑心水饺

麻酱面加蛋包，让人越吃越上瘾

四乡五岛马祖面食馆
临近捷运站 南京复兴站
地址 台北市中山区辽宁街7号
电话 02-2771-5406
时间 24小时营业
网站 www.matsunoodles.com

小小的店里总是坐满客人

这里的麻酱面久放也不会变黏糊而影响口感

"马祖面就是麻酱面。"当时带港仔到四乡五岛马祖面食馆的台湾朋友如是说。马祖面，麻酱面，发音相似，加上店家以此面著名，朋友之言，像模像样。

"这里的黑麻面你一定会爱。"朋友又说，像他有多了解港仔一样。

黑麻者，黑芝麻也。本以为颜色以外和一般麻酱面分别不大，一样的味太浓，酱汁巴着口腔不舒服。殊不知蘸上黑色汁液的面条，香气十足，不含糊，不霸道，入口不黏不沾，配上店家特制的细面弹性充足，吃后齿颊留香，是会令人上瘾的。

面的好，全仗老板吴大哥花大量时间研制这个黑色酱汁，又以特调酱油把芝麻酱的甜味压去，更细心地于碗中多下一匙汤汁增加面条湿度，令其久放亦不会变黏糊影响口感水平。

黑芝麻酱亦成就了店中另一名物黑心饺子，一样的黑色酱汁配合猪绞肉，经过不断试验研发成功制成的饺子，同样香气迫人，大小刚好一口一颗，叫人吃得过瘾。

因为好吃，旅台港友常被港仔带到四乡五岛马祖面食馆来，都会介绍说马祖面就是麻酱面，直至为本书搜集资料时，才发现这些年一直被骗，原来马祖面的名称因店家第1代老板来自马祖，煮的面带有当地的味道特色，故得此名。

不得不承认，港仔就是笨。

清爽可口的润饼卷，冰过仍能保持清新口感

【捷运松山线南京三民站】

佳香润饼卷 冰过一样好吃的爽口润饼

食材都会沥水去油，绝不糊口

内馅食材都是刘妈妈自己动手做的

刘妈妈把客人当家人，亲手包的润饼都避免加进化学品

润饼，港仔搞不懂的台湾小吃之一。向台友请教怎样才叫好？有说一定要料多丰富，又有表示最爱特色口味，港仔尝遍后，甚至老字号都光顾过，仍是吃不出个所以然，直到吃完刘妈妈的润饼卷后才有顿悟。

刘妈妈绝非名师，亦非高徒，只是爱吃，所以钻研。从前当家庭主妇，试验对象是家人，材料处理定当以健康为主，后来开店，同样以健康为大前提来经营，为避免买回来的材料加入化学品或味精，可以自制的馅料都自己来动手，自炸红糟肉，豆干买回来亦亲自炒香。此外，材料只要一下炒锅或经汆烫，都会沥水去油，如此制作出来的原味润饼，绝不糊口，能尝出肉味豆香、蔬菜脆甜，即便花生粉和香菜香气稍强稍浓，却是港仔吃过最清爽可口的润饼。有时会多买一份外带，只要放置冰箱中，隔天吃时水平或许稍逊于现场现包现吃，唯其清新口感仍能保持。

吃过刘妈妈的润饼卷后领会到美食从来不存在懂不懂，是大餐或鸡肋，全看个人口味，只要吃得开心、适合自己，便是美食。

佳香润饼卷

临近捷运站 南京三民站
地址 台北市松山区新东街3巷4号
电话 0915-881-588
时间 11:30—20:30

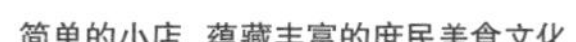
简单的小店，蕴藏丰富的庶民美食文化

【捷运松山线南京三民站】

东引小吃店 最是难忘 猪油牛油干拌面

每到东引小吃店，都必点一盘花干来尝尝

牛油干面，满满的油香充满气势

来碗馄饨汤，平衡一下牛油干面的重口味

各式小菜都卤得入味

现在白天是孙女在帮忙，到了晚上则换女儿掌厨

爱东引小吃店的猪油和牛油干面如疯如痴。

如此面点，不仅香港吃不到，台湾亦不常见，少见以外，水平之高叫人常会怀念想去吃。

普通寻常两碗面，一经拌开，嗅觉总逃不开藏于碗底或猪油或牛油的香腴，被其牵引食欲。虽然同为动物油脂拌干面，内容仍有分别，猪油配油葱，再添一份成熟韵味，适合拌以细面；牛油面附蒜泥，令充满气势的油香更具个性，以粗面搭之配之最适合。干面两款一刚一柔，都是好。想要重口味时会多来一份花干，让吸饱牛肉汤的花干在口中爆汤；有时则会点来一碗馄饨汤，让热汤清洗过重的美味负担，还港仔一口清新。

也爱东引的满满人情味。原祖老板刘先生来自马祖东引，面摊以家乡为名以作怀念，可见其重情重义重感情，亦成了他待客之道。当今虽然已退下火线，甚至孙女都已出摊帮忙，刘先生仍然天天报到，而且对熟客的爱好了如指掌，即便港仔首次光顾时，亦以有朋自远方来的名义送上一份卤花干。

港仔常往台湾跑，成了东引常客，贪图的岂是当初的一盘免费招待，能吃得美味，感受人情，如此好店，怎能忘怀，焉能不帮衬？

东引小吃店

临近捷运站 南京三民站
地址 台北市南京东路五段291巷20弄
电话 0987-234-406
时间 11:00至次日05:00

纯正的古早味豆花，口感更见层次

【捷运新芦线行天宫站转公交车】

阿娥老牌传统豆花

让老香港也惊艳的豆花老口味

阿娥老牌传统豆花

临近捷运站 行天宫站转乘松江路上的公交车
地址 台北市民族东路410巷47号1楼
电话 02-2540-0187
时间 06:00—13:30，周一公休

古早味豆花，就要用姜汁才对味

加进粉圆、大花豆等配料，就能吃得满足

来到滨江市场，就一定要光顾这里

喜欢跟着餐饮业界友人奔走滨江市场，他们忙着公务正经事，港仔则于市场内四处觅食。

最爱光顾阿娥老牌传统豆花。开业数十年，老板阿娥由当年少女成了当今大妈。时代更迭人事变迁，即便容颜已老，却无损其豆花制作至今依然依照古方秘法，虽然不如现在各式改良豆花的表面光亮嫩滑如镜，甚至会略呈微小蜂巢状，但其黄豆味浓，还带焦香，完全是正宗纯正古早味，岂是后起之辈能媲美？

阿娥的豆花又带点韧性，汤匙一挖，豆花先有一刻弹动后才顺势断开，这样的一点点小劲，需要舌尖打开弄散于口腔内，令豆花口感比别家只会在口中直接化开来得更见层次，令人惊艳。

不禁联想到当年香港的华丽园，从前他们生产的豆花拥有同样质感口感，同样出色，想不到能在台湾再次碰上这个老口味。所以四季之间，只要在滨江市场附近都要来一碗，炎夏配刨冰黑糖水，浓冬加入温热的姜汁，再随便加入花生、芋圆、粉圆或大花豆，都能吃得称心。

【捷运板南线南港展览馆站】

老张炭烤烧饼

专跑南港只为原祖烤饼

因为被小酥饼的魅力吸引，特地跑到南港总店，一探美味的源头

胡椒饼内馅是温体黑毛猪后腿肉

这是港仔吃过最好吃的胡椒饼

这里的三种烤饼每日分段推出，好分流络绎不绝的客人

他们都觉得港仔疯，老张炭烤烧饼明明在港仔家不远处有分店，大可不必老远跑一趟到南港总店去。就是因为吃过分店制作的小酥饼后被其魅力吸引，让人想进一步探索原祖总店的美味是否更上一层楼，南港于是不去不行。

第一次摸上门时，在品味美食前先见识了其大阵仗。

台湾很多小摊在发扬光大后迁移至店面继续经营，老张南港总部更厉害，两家店面相连，一边擀面包馅，另一边则火炉烤制，可见其每天生产量之大。为了应付络绎不绝的饕客食家，虽然只供应三种食物也要分段推出来分流客人，周二至周日上午六时至十一时只卖三角饼，周二至周六下午二时至七时是胡椒饼时段，小酥饼则安排在周六和周日发售，不然以其门前小摊位作贩卖点肯定应付不了不同客人的需要。

首访为平日下午，可买的有限。拜此所赐，反而恋上老张新鲜出炉的胡椒饼，以发酵老面制作的饼皮，中间夹着一层酥皮，烤好后呈现特别多层次，比一般的更见酥脆，内馅包入温体黑毛猪后腿肉、三星葱，配以胡椒等调味比例拿捏得宜，不仅好吃，更突显出饼皮和肉馅的优点，是港仔吃过最好的胡椒饼。

当天店中还有数个早上剩下的三角饼，买来一试，同样以发酵二十四小时的老面制作，内层铺上三星葱，口感扎实，咬劲之下，吃出满口葱香面粉香，是店中另一招牌。

等待着炭烤胡椒饼新鲜出炉，就是一件幸福的事

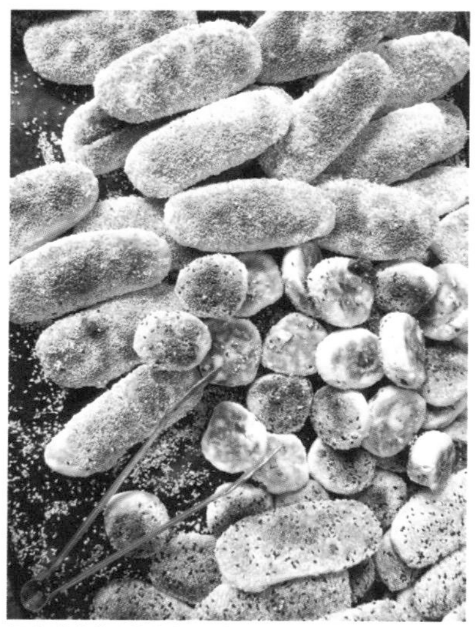
洒上满满芝麻的烧饼，香气四溢，让人不得不爱

明明为了小酥饼而来，港仔个性，从来目标明确，岂会满足于只品尝老张两种美味，总之吃不到，不罢休。

于周末再次踏足南港时终见小酥饼，小小一个，金黄可爱，刚出炉，热得烫手，无损港仔趁热而吃的兴致。红豆、芝麻和香葱三种口味，独爱后者，饼皮以高温和成的烫面配上三星葱，外酥内软又香而不呛，独特之处在于饼皮洒下一点盐巴，在微甜中吃出一点咸，既提味又起点缀作用，分店采用同样制作方式，虽然好，却和南港总店的出品仍有差距。

如此一周两访南港多远都不远，只要觅得美味，管你笑我疯，吃完心里踏实，自家受用最重要。

老张炭烤烧饼

临近捷运站 南港展览馆站

地址 台北市忠孝东路7段602号

电话 02-2783-5591

时间 胡椒饼周二—周六14:00—19:00，三角饼周二—周日06:00—11:00，小酥饼周六—周日07:00—11:00、14:00—19:00，周一公休

从前制成三角形状的烧饼，当今虽然方正出场，但仍被唤作三角饼

【捷运淡水线台大医院站】

城中老牌牛肉拉面大王 一口吸进Q滑面条

最爱这里的麻辣炸酱拉面，辣度刚好，吃着过瘾

卤到入味的小菜是面店不可或缺的要角

老板给料超大器

老板和店员常自在地与客人说说笑笑，店招牌还是客人送的，只是店名漏了“城中”二字

这里的炸酱如卤肉酱般带着甘甜滋味

很喜欢城中市场老牌牛肉拉面大王的面条，圆肥扎实有嚼劲。

都说牛肉面最好，家常路线，红烧汤头，大块牛肉，据说充满眷村的味儿。当年风味当今尝，可惜港仔实在难以比较是否依然如一，谁叫缺了那年那月那时代的回忆，只能凭当下味道作评论，不算最好，仍是很不错。

网上又流传这里的炸酱面很出色。炸酱如卤肉酱般带甘甜，搅拌过后，肉末汁液包裹着以干拌形式呈现的面条弹性更是立体，可见这面的好，汤的干的两皆宜。

港仔首选却非以上两项，每回光顾都只爱一味麻辣炸酱面，本来已有水平的炸酱加入了麻辣汁，蒜香味浓厚，麻度稍逊，辣度刚好，吃着过瘾，成为每次必吃。

开朗的老板是这里的活招牌

面条讨人欢心外，老板和店员都是这里的活招牌。这班老爷爷们各有个性，但都服务客人以礼，有时听他们对话以闽南语，港仔虽然听不明白，但看众人边说边笑，港仔边吃边听，整个气氛完全活起来。

当老板知道港仔要写文介绍他们时说："门外招牌不对，勿弄错。"问出错原因，其他老爷爷和店员笑着抢答："客人送的招牌，对方不懂老板又不会说啦。"又是一阵的嘻嘻哈哈。

为了面条，也为可爱的爷爷们，这样的店要常来，吃喝之间顺便沾点开心喜气，人自然乐，好运肯定接着来。

城中老牌牛肉拉面大王

临近捷运站 台大医院站

地址 台北市重庆南路一段46巷7号

电话 02-2381-5604

时间 10:00—20:00

【捷运松山线台北小巨蛋站】

上海小笼包 比鼎泰丰更让人心动

老面厚皮的小笼包肉嫩汁多

热腾腾的现蒸小笼包，承传自上海包子老师傅

开业近三十年，依然坚守老手艺

小笼包现包现蒸，尝起来肯定鲜美

这里的小笼包只可外带，一拿到手必先吃一个才过瘾

香港从来没有小笼包文化，一切源自鼎泰丰，所以港人只知道皮薄的，却不认识还有一味厚皮如肉包的小笼包一直存活在中华美食史，当今世代仍活跃于大陆和台湾两地坊间。

台北能吃如此包子的地方多，港仔最爱龙城市场的那一摊。老板从前工作于办公室，后来改行卖包子，有天遇到来自上海的包子老师傅，无条件传授小笼包技术，这样一学七八个年头才掌握窍门，遂正式开业创办上海小笼包。接近三十年的经营，依然坚守老师傅教导的老面擀皮，以梅花肉、青葱加上姜作内馅，简单以香油、酱油、盐糖调味，再于大火蒸上八分钟，做出面粉醇香、充满嚼劲、肉嫩汁多的水平。因现擀现包、现蒸再现卖，买到的肯定百分百新鲜，可惜只限外带，不能坐着好好享用，虽说冷了凉了也好吃，但如此美食要吃便吃刚出炉的，所以港仔每次接过外带盒子后总会第一时间把包子往嘴里送，往往因此烫伤嘴巴舌头，仍是吃得开心吃得乐。

正因为如此小笼包在香港绝无仅有，所以当香港旅人游台时等候于鼎泰丰门前，港仔则宁愿到龙城市场来排队。

上海小笼包
临近捷运站 台北小巨蛋站
地址 台北市光复北路190巷39号 龙城市场118摊位
电话 0955-256-7880
时间 07:30—13:30，周一公休

花生汤加油条，是这里的完美组合

【捷运新店线万隆站】

独特花生汤

独钟嫩如豆腐的花生甜汤

这里经营宵夜与早餐时段

老板正在烤烧饼

口感绵密如豆腐的花生汤

烧饼加蛋，是这里另一重点美食

港仔爱吃却讨厌甜。

为了进补，偶尔仍是会吃碗港式养生甜汤。犹幸近年甜汤也步上健康之途，糖少了，微甜中更能尝出食材本身的味道，更符合其食疗之意。

从此港仔也能于秋冬需要滋润时自在吃白木耳炖雪梨，于酷夏来碗冰凉马蹄露生津降火，为了皮肤滑嫩可吃点芝麻糊或是桑寄生莲子蛋茶，再不怕会甜死人。

台湾港式好汤难求，想要自煮，受材料缺乏之苦，只得退而求其次，从甜汤入手。刚好有一家卖银耳汤的在港仔居家附近，闲来吃碗来滋补，唯其味道着实甜，每次叮嘱糖水少下点，味道仍是甜得化不开。

倒是怀念从前通化街小巷中的一摊花生汤，刚好的甜，能尝花生味品出花生香，后来小摊没了，想吃如此水平的花生汤要跑到兴隆路上的独特花生汤去。

这家早餐店既卖煎饺，亦有包点，全是手工制作，做得最好的则是花生汤，据说单是熬煮就需要十六小时，难怪甜度适中外，花生煮得嫩如豆腐，细致绵密，配合油条沾满汤汁一同吃，不甜不腻，吃得一肚满足，亦保健康，如港仔般有气喘之士多吃尤其佳。

独特花生汤

临近捷运站 万隆站

地址 台北市文山区兴隆路一段293号

电话 02-2934-0746

时间 22:00至次日11:00，周一公休

【捷运板南线善导寺站】

阜杭豆浆
人气早餐店攻略守则

厚饼夹蛋，火烤后的烧饼香脆，佐配滑嫩鸡蛋，越吃越好吃

阜杭豆浆

临近捷运站 善导寺站
地址 台北市中正区忠孝东路一段108号（华山市场2楼）
电话 02-2392-2175
时间 05:30—12:30，周一公休

吃货都爱抢先尝鲜，明明阜杭豆浆营业时间由清晨五点半到中午十二点半，赶在打烊前过去都可以吃到，可是每次前往都宁愿选在开门营业前，反正早到迟来人龙同样长，基于早来吃新鲜的心态，吃货如港仔当然宁早莫迟。

一如台湾其他豆浆早餐店，阜杭菜单中以外省包点为主，不论是薄饼油条还是焦糖甜饼都各有支持者。港仔的推荐是厚饼夹蛋。厚饼者，烧饼也，因比坊间一般的饼厚而得名。烧饼以老面团制作，外表涂上一层麦芽糖，经火烤后，脆度尤佳，又有一种独有的香，混合老面的甜，叫人吃出滋味来。老面本带劲，夹在中间的鸡蛋嫩滑，葱花分布均匀，在一刚一柔下丰富了厚饼夹蛋的口感层次，是名副其实的越吃越好吃。豆浆同样好，入口浓郁的豆味来自豆多水少的古老配方，加上采用天然黄豆，不管是冰的、热的、甜的、咸的，都叫人尝得好味、喝得安心。

这样一套传统早餐，是港仔每次凌晨骑行之旅后的必然之选，如果在开骑之际已然肚饿，则会先去林东芳（见本书89页）。

吃货说运动，运动是其次，首要重点仍是吃。

依古老配方制成的豆浆豆香味浓

厨房内每个人都有精细分工，好消化络绎不绝的客人

刚烤透起炉的烧饼

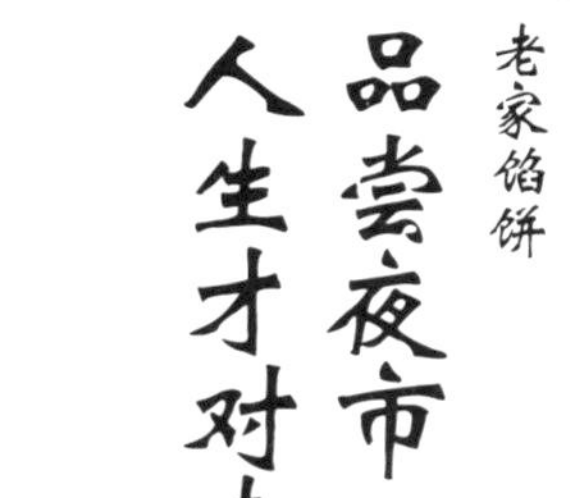

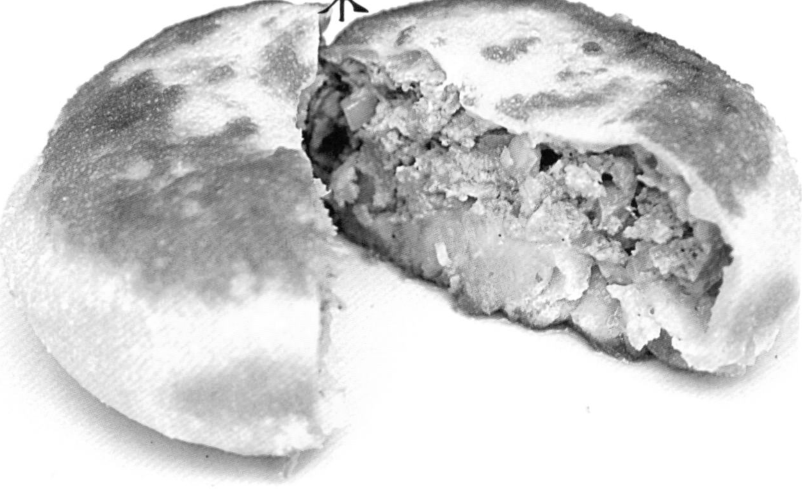

内馅以洋葱取代青葱，口感更清甜

老家馅饼全台分店十多家，板桥总铺和桃园加盟店名气响当当，偏偏位于景美夜市名不见经传由蔡大哥主理的分店小摊才是港仔最爱。

蔡大哥馅饼的好，一如所有老家出品，不仅在于手擀面皮的薄、现煎的香和口感的酥脆，还有牛肉猪肉内馅裹以洋葱取代青葱带来的清甜化解了肥腻，首用香菇的嫩滑平衡了容易干柴的鸡肉，推出的香菇鸡肉口味同样值得嘉许，当然还有以大骨熬煮而成、包裹在馅饼内的汤汁，丰富得可以注满一汤匙。

以上所说的万般好，还没包含蔡大哥的个人魅力在其中。

他和港仔说："本来是坏人，后来想从良……"

为什么？

"做好人还有为什么吗？"他曰。

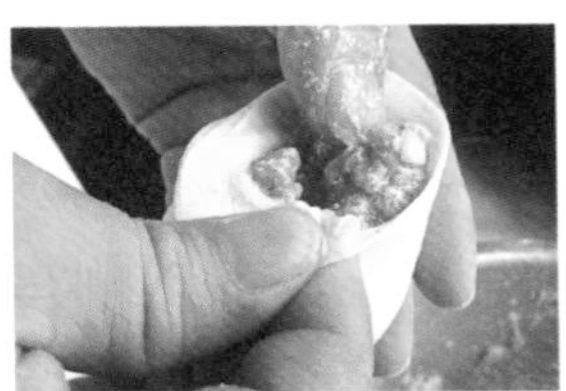
蔡大哥很快就包好一个个饱满的馅饼

老家馅饼
临近捷运站 景美站
地址 台北市文山区景美街20-1号
电话 0932-385-003
时间 15:30—00:00，周一公休

煎好的馅饼让人口水直流

想“从良”的蔡大哥，当年不支薪学习做馅饼

后来呢？

“在没支薪下花了半年时间学习制作煎馅饼，十年前开了这个摊，以后要靠它来养老。”

“习惯当好人吗？”

蔡老板颇有意思地看着港仔笑着回：“习惯啊！”

旁边摊贩老板接口：“习惯做好坏的人吗？”

语毕，众人大笑。

夜市人生的有趣在于每摊每人背后故事都是额外调味，即便总铺分店的味道一样或是做得更好，少了那号人物，缺了那种氛围自然不对味，所以要吃老家馅饼，蔡大哥的小店是港仔唯一选择。

充满弹性的面条浇上芝麻酱，吃起来清爽顺口

【捷运新店线七张站】

老孙凉面

一盘两吃 超丰富凉面

味噌汤跟凉面是最佳搭档

老孙凉面因为好质量，渐渐吃出口碑来

老孙凉面
临近捷运站 七张站
地址 新北市新店区中正路294号
电话 02-2911-1456
时间 07:00—20:30

许多人都喜欢来这里外带凉面回家

店面享用凉面，可以加点菜脯，让口味变化更多

成功从来需苦干，老孙凉面的孙老板肯定赞同。当年热衷股票买卖的他，曾因此而倾家荡产，两个房子卖掉还是欠一屁股债。

以为从此陷入万劫不复的黑洞中，所幸凭着孙太太的家传凉面从低潮中拯救了一家人。

刚开摊卖凉面，已是二十多年的往事，一天卖出三份，情况并不乐观，犹幸孙太太的面条非一般，以鸡蛋制作的油亮亮的黄色细面，没有防腐剂又充满弹性，浇在上面的芝麻酱，香味浓郁又不会过分浓稠，配上黄瓜丝，吃进口中就是清爽顺口，终于慢慢吃出口碑来，不仅小摊迁至店面，至今每天卖出六百份，成绩傲人。

凉面受欢迎，孙老板继续精益求精，制面以计算机化，准确算出气温湿度对面条的影响，做出实时调整；又推出以梅花猪肉豆干豆瓣酱煮成的炸酱口味，更甚者，把炸酱原味二合一变成综合凉面，发展出一盘两吃的滋味，处处看出老板制作认真严谨和对客人的用心仔细。

他不讳言从前的黑暗期，以此作身教、作借镜，来鼓励仍在奋斗的各位，港仔写吃的同时在此分享孙老板的人生小故事，大家共勉之。

【捷运文湖线南京复兴站】

有有有面担
卤肉汁是最想念的台湾

以肥为重的卤肉，入口即化，充满诱人魅力

木凳木桌的用餐空间，很有古朴风味

总有家乡美味成为想家时的美食凭借。人在台湾想吃港食，港仔只要在白饭上放上荷包蛋、两片煎火腿，再淋上自制豉油酱汁，弄出一个纵横香港数十年的港式豉油西餐来解馋，只要想到香港便来煮，想家也想得很简易。

卤肉饭在台湾选择当然多，烹调都大同小异，在小异中的偏差成就了各自特色，所以当地人对于卤肉饭都有不同的私心推荐。作为半个台湾人的港仔则偏好有有有面担的味道，他们的带皮卤肉肥瘦相当成条状，以肥为重却又肥而不腻，入口即化，与油亮的卤汁同时包裹着饱满的饭粒，油香肉香饭香同时丰富了口腔，很是销魂。

常会加点一盘红烧蛋同吃。红烧蛋者，炸荷包蛋也。最爱让蛋黄汁液汩汩流到卤肉饭中拌着吃，美味层次提升，越嚼越顺口。

古早味干面

另类创意热炒，百花油条

这里还推出卤肉汁包，总会买来数包带回香港家中配白饭，成为港仔人在香港想念台湾时的最佳美味凭借。

有有有面担

临近捷运站 南京复兴站

地址 台北市中山区辽宁街48号

电话 02-2776-0443

时间 11:00—14:30，18:00—22:00，周一公休

网站 paper.udn.com/udnpaper/POE0014/258356/web

玉米蒸饺内馅

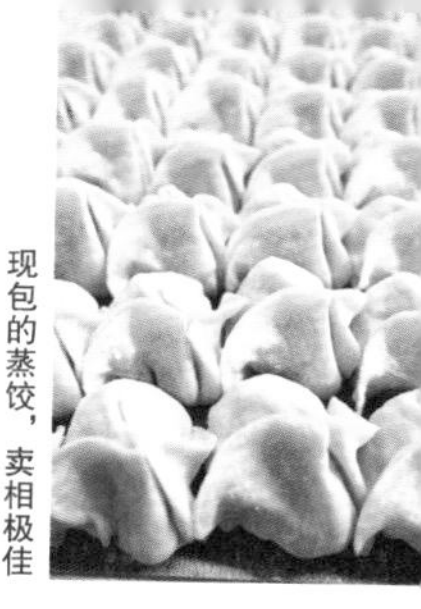

现包的蒸饺，卖相极佳

【捷运松山线南京三民站】

巷弄内小吃摊的美味传奇

亓家蒸饺

店家推陈出新的鲜虾丝瓜蒸饺，软硬脆度相互衬托

酸辣汤饺材料丰富，吃完一碗相当饱足

店面简单，没有多加装潢，老板就坐在里面包饺子

藏身于南京东路中华开发后巷中的亓家蒸饺，在欠缺装潢下，仍能经营接近二十年，可见他们蒸饺的美味魅力肯定非凡。

单是饺子卖相已叫人竖起大拇指，紧实的外皮晶莹剔透，肉馅的嫩红或青绿鲜黄若隐若现，不管阁下选择哪种口味，吃进口中，先声夺人来自Q韧的饺皮；扎实中见柔嫩，配肉配蔬菜都适合。

店中饺子接近十款，从前最爱鲜虾和丝瓜，近年店家推陈出新将之合并成为鲜虾丝瓜蒸饺，海鲜的鲜和瓜类的甜在口味二合一中不仅搭配，两者在口中绽放出不同的软度脆度又有互相衬托之效。

不爱台式汤饺的港仔却爱他们的酸辣汤饺，一个碗中五颗饺子，配合汤中的豆腐、木耳、笋子，口味口感互相平衡又酸辣有致，一碗喝完吃光，可以饱足大半天。

有时大啖美味于台北巷弄，会想到从前香港同样大排档满街，却绝迹于城市发展蓝图下，消失的岂是只有老店，还包括不少地道传统港式美食。台北当今仍然能寻味于巷弄之中，实在要珍惜。

台北就是这样好，巷弄之间小摊小吃特别多，总会找到美味于寻寻觅觅间，对如我此类的吃货，这样的寻味游戏从来好玩有趣，觅得真美味时更是大满足，弥补了在台湾买不到合意衣饰的遗憾，是购物欲的补偿。

亓家蒸饺
临近捷运站 南京三民站
地址 台北市松山区南京东路五段123巷4弄3号
电话 02-2760-1935
时间 10:00—21:00

看似简单的三明治，其中所含的手艺就不是人人能及

【捷运板南线永春站】

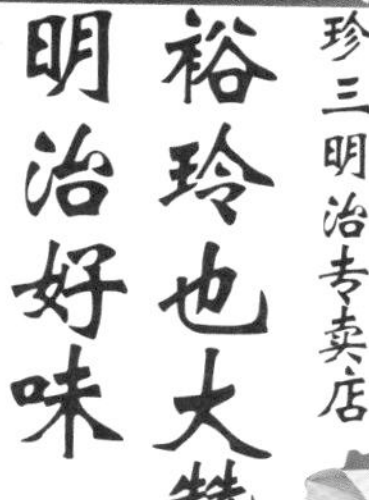

洪瑞珍三明治专卖店 郑裕玲也大赞的三明治好味

将三明治“打包装箱”为礼盒

洪瑞珍三明治专卖店
临近捷运站 永春站
地址 台北市信义区忠孝东路五段493号
电话 02-8785-2723
时间 08:00—20:00
网站 www.yes-168.com

读者应该没有想过台中的洪瑞珍竟然红到香港去，成为旅客带回港的另一热门伴手好礼，连金马影后郑裕玲小姐在她的电台节目中亦大赞好吃，更遑论不少吃过的香港艺人都公开点名大叫好。

不明所以的台湾朋友会觉得香港人真奇怪，明明寻常传统口味的面包点心，怎会疯迷若此？会喜欢，从来不在于一众艺人的推波助澜，味道好是重点。喜欢他们的招牌火腿，以牛油夹蛋皮，火腿夹鲜奶油，再上美乃滋，说是简单，可是每片蛋皮煎得微焦又薄如纸的手艺便不是人人能及，加上以手工抹上奶油和其他酱料，有能耐每层厚度一致，让众多材料结合一起，竟带出松软香甜不油腻的和谐味道。港仔又爱把三明治先放冰箱，吃之以冰以冷，说港仔口味奇怪也好，说吃得太特别也罢，反正觉得这样才好吃。

如此优质古早好吃，台湾的你们唾手可得，对香港的大众是遥不可及，所以台湾朋友会觉得没啥大不了，想到香港从前亦有不少传统美食被我们同样待之，今日已然绝迹失传于香港，所以当你仍能拥有时不要将之忽略。

洪瑞珍的传统好滋味，让一众香港艺人叫好

古早美食现在仍能唾手可得

长方形的蛋色拉三明治

位于荣华街上的小摊，总有许多人专程大老远来这里买臭豆腐

【捷运淡水线士林站】

郭台铭臭豆腐

豆香浓郁的爆汁臭豆腐

这里的臭豆腐表皮炸得酥脆，里面则保持蜂巢式略扎实的口感

豆香味浓的臭豆腐，郭台铭也是常客

老板娘张姐的丈夫是香港人，能与港仔以广东话沟通

微酸微甜的泡菜，刚好跟臭豆腐搭配

港仔拥有怕远爱方便的港人特性，会出游基隆、宜兰甚至是阳明山都是朋友死拉活拽下的结果。为吃却从来不怕长途跋涉，不惜跑到士林去，只为一尝美味臭豆腐，朋友们莫不称奇。

首尝华荣街这摊臭豆腐，发现同为炸物，香港的臭豆腐外表干硬刮嘴，会涂上甜酱辣酱同吃，味道霸气，这一摊则把豆腐炸得表皮酥脆，里面则保持蜂巢式独有口感，略扎实，豆香浓，酱油加入中药煮，味道浓淡得宜，被豆腐吸收后有爆汁效果，即便被评为不入味的泡菜，其微酸微甜于港仔看来何尝不是为了突出臭豆腐的一种刻意营做，从此一吃上瘾。

读者们勿误会港仔因为郭台铭同为小摊常客而慕名帮衬，实情是来自摊主张姐师承其香港丈夫说得一口流利广东话。有时人在异乡，听到家乡话的喜悦，即便只是一句起两句止的“你好”或是“咁耐唔见啊”，距离感立时消失，在吃美食之时又能怀念老家，是修来的恩泽，所以说跑到士林去很远，其实很近。

郭台铭臭豆腐
临近捷运站 士林站
地址 台北市士林中正路华荣夜市巷口
时间 16:00—23:00

沿着捷运尝美味【索引】

中山站

吴碗粿之家　P60

地址：台北市长安西路177巷1号

时间：周二—周六06:30—16:00，周日06:30—14:30，周一公休

小春园　P66

地址：台北市南京西路149号

时间：09:30—22:00

条仔老店米苔目　P68

地址：台北市南京西路233巷3号

时间：06:00—14:00

双连站

车库（何氏）油饭　P72

地址：台北市双连街52号

时间：07:00—10:00（卖完为止）

阿桐阿宝四神汤　P74

地址：台北市民生西路151、153、155号

时间：11:30至次日05:00

双连鹅家庄　P80

地址：台北市大同区民生西路205号

时间：16:30至次日00:30，周三公休

双连花枝焿　P76

地址：台北市锦西街74号

时间：08:00—17:30，周日公休

民权西路站

双连古店冬瓜茶　P78

地址：台北市锦西街38巷2号

时间：08:30—22:00

圆山站

简家大龙峒肉圆　P40

地址：台北市大同区大龙街188号（隔壁骑楼）

时间：14:30—23:30

士林站

郭台铭臭豆腐　P156

地址：台北市士林中正路华荣夜市巷口

时间：16:00—23:00

【新芦线】

大桥头站

老牌张猪脚饭　P28

地址：台北市大同区民族西路296号

时间：11:00—20:30，周一公休

大桥头老牌筒仔米糕　P32

地址：台北市大同区延平北路三段41号

时间：06:00—16:00

叶家五香鸡卷　P34

地址：台北市大同区延平北路三段8号前

时间：16:00—23:00，周日公休

佳兴鱼丸　P36

地址：台北市大同区延平北路二段210巷21号

时间：09:00—19:00

呷二嘴米苔目　P38

地址：台北市大同区甘州街34号

夏季冰品：4月中旬至10月供应，09:00—17:30（逢台风假公休）。冬季热食：11月至次年4月中旬供应，08:30—17:30（逢每周一公休）

松江南京站

梁记嘉义鸡肉饭　P124

地址：台北市中山区松江路90巷19号

时间：10:00—20:30，周日公休

【文湖线】

六张犁站

丽馥小吃店　P100

地址：台北市大安区安居街34巷8号1楼

时间：11:00—14:30、17:00—21:00，周日公休

韩家老面馒头店　P108

地址：台北市大安区乐业街61号

时间：12:00—21:00

南京复兴站

四乡五岛马祖面食馆　P126

地址：台北市中山区辽宁街7号

时间：24小时营业

有有有面担　P150

地址：台北市中山区辽宁街48号

时间：11:00—14:30 18:00—22:00，周一公休

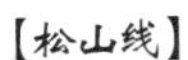

【松山线】

台北小巨蛋站

上海小笼包　P140

地址：台北市光复北路190巷39号 龙城市场118摊位

时间：07:30—13:30，周一公休

南京三民站

佳香润饼卷　P128

地址：台北市松山区新东街3巷4号

时间：11:30—20:30

东引小吃店　P130

地址：台北市南京东路五段291巷20弄

时间：11:00至次日05:00

亓家蒸饺　P152

地址：台北市松山区南京东路五段123巷4弄3号

时间：10:00—21:00

【新店线】

古亭站

黄家（皇家）现烤香肠　P54

地址：台北市中正区泉州街32之3号

时间：13:00—19:30

万隆站

独特花生汤　P142

地址：台北市文山区兴隆路一段293号

时间：22:00至次日11:00，周一公休

景美站

老家馅饼　P146

地址：台北市文山区景美街20-1号

时间：15:30—00:00，周一公休

七张站

老孙凉面　P148

地址：新北市新店区中正路294号

时间：07:00—20:30

【捷运转乘公车】

阿娥老牌传统豆花　P132

交通：行天宫捷运站转乘松江路上的公交车

地址：台北市民族东路410巷47号1楼

时间：06:00—13:30，周一公休

本图书是由北京出版集团有限责任公司依据与京版梅尔杜蒙（北京）文化传媒有限公司协议授权出版。

This book is published by Beijing Publishing Group Co. Ltd. (BPG) under the arrangement with BPG MAIRDUMONT Media Ltd. (BPG MD).

京版梅尔杜蒙（北京）文化传媒有限公司是由中方出版单位北京出版集团有限责任公司与德方出版单位梅尔杜蒙国际控股有限公司共同设立的中外合资公司。公司致力于成为最好的旅游内容提供者，在中国市场开展了图书出版、数字信息服务和线下服务三大业务。

BPG MD is a joint venture established by Chinese publisher BPG and German publisher MAIRDUMONT GmbH & Co. KG. The company aims to be the best travel content provider in China and creates book publications, digital information and offline services for the Chinese market.

北京出版集团有限责任公司是北京市属最大的综合性出版机构，前身为 1948 年成立的北平大众书店。经过数十年的发展，北京出版集团现已发展成为拥有多家专业出版社、杂志社和十余家子公司的大型国有文化企业。

Beijing Publishing Group Co. Ltd. is the largest municipal publishing house in Beijing, established in 1948, formerly known as Beijing Public Bookstore. After decades of development, BPG has now developed a number of book and magazine publishing houses and holds more than 10 subsidiaries of state-owned cultural enterprises.

德国梅尔杜蒙国际控股有限公司成立于 1948 年，致力于旅游信息服务业。这一家族式出版企业始终坚持关注新世界及文化的发现和探索。作为欧洲旅游信息服务的市场领导者，梅尔杜蒙公司提供丰富的旅游指南、地图、旅游门户网站、APP 应用程序以及其他相关旅游服务；拥有 Marco Polo、DUMONT、Baedeker 等诸多市场领先的旅游信息品牌。

MAIRDUMONT GmbH & Co. KG was founded in 1948 in Germany with the passion for travelling. Discovering the world and exploring new countries and cultures has since been the focus of the still family owned publishing group. As the market leader in Europe for travel information it offers a large portfolio of travel guides, maps, travel and mobility portals, apps as well as other touristic services. It's market leading travel information brands include Marco Polo, DUMONT, and Baedeker.